U0142884

MANAGEMENT 企業管理概論與實務 THEORY AND PRACTICE

林原勗｜曾明朗｜鄭憶莉　著

五南圖書出版公司 印行

序

本書在介紹基礎的管理理論與概念，包括規劃、組織、領導與控制等管理功能，使讀者瞭解組織經營管理的本質與整體的概念。同時，在教材編寫上，還設置了足夠的個案之案例探討與分析，力求做到案例實務作法與學術理論的結合，以培養讀者對管理廣泛性瞭解、基本知識體系及思考能力，將使讀者精準判斷管理理論與概念如何運用於組織經營實境中，並培養其構思解決方案的能力，更希望能兼顧完整性與創新性，使其成為管理的入門學習平台。

目次

第一章

緒論

MANAGEMENT

企業管理概論與實務

THEORY AND PRACTICE

第一節　企業與管理的意義

一、企業管理定義

何謂「企業管理」？企業管理是由兩個詞所構成的。

（一）名詞即為「企業」

企業是指從事生產產品或提供服務給予有需求的社會大眾，以賺取利潤的組織，一般可劃分為營利事業單位及非營利事業單位。

1. 營利事業單位

通常是指企業提供商品或服務，以賺取利潤的一個事業單位，如台積電、鴻海等。

台灣積體電路股份有限公司。
圖片來源：台積電網頁。http://www.tsmc.com/chinese/aboutTSMC/company_profile.htm

鴻海科技集團。
圖片來源：鴻海集團網頁。http://www.foxconn.com.tw/GroupProfile/GroupProfile.html

慈濟基金會。
圖片來源：慈濟官方網頁。

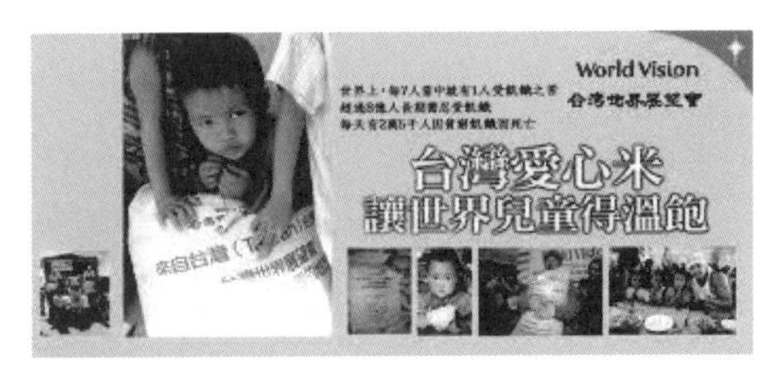

世界展望會。
圖片來源：世界展望會官方網頁。

2. 非營利事業單位

宗旨在推動社會事業活動，其目的不在於追求利潤或營利的最大化，而是希冀社會事業活動能同時達成經濟與社會目標，進而解決社會問題，如慈濟基金會、世界展望會等。

（二）動詞就是「管理」

即使上述所提到的慈濟基金會雖然是非營利事業單位，但仍需要證嚴上人帶領如何達到基金會存在的志業——「教富濟貧、濟貧教富」，以及需要有管理者去規劃如何來籌措資金、管理資金、人力及設備等，才能達到事業單位存在的目的，此即為管理。

在管理概論中，企業通常是以營利事業單位為主。營利事業單位為了追求利潤，透過管理功能，有效的去管理企業中的資源，包含資金、人力以及設備等，讓資源運用達到最大效率，因此無論在制定任何決策、採取任何行動時，企業都必須把利潤擺在第一位。

簡單來說，管理就是在特定的環境下，管理者善用企業或組織所擁有的各種資源，進行有效的計畫、組織、領導和控制，以達成組織目標，而採行的活動及方法。管理的首要之務，便是管理企業，而企業管理也就是目標管理。

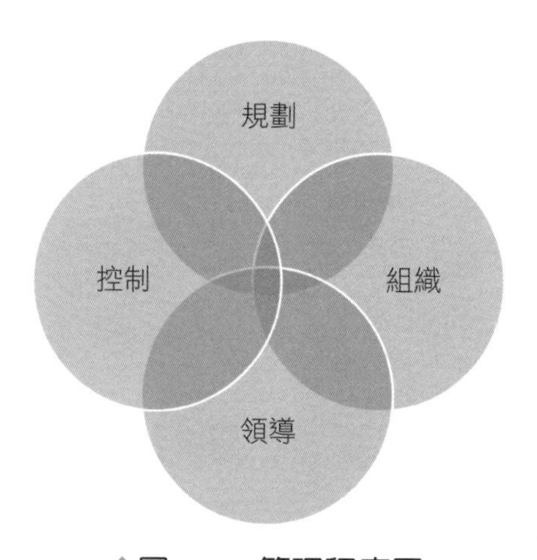

圖 1-1 管理程序圖

➢二、企業管理的功能

所謂「企業管理」，乃是管理者運用規劃、組織、領導以及控制等四大基本功能，來達成企業所訂定的目標，這四大功能統稱為管理程序（Management Process），如圖 1-1 所示。

(一)規劃

建立組織的目標和標準、建立達成目標之整體策略、擬定計畫來整合與協調組織的活動。由此可知，規劃不僅重視目的（要完成什麼，what），也重視達成目的之方法（如何完成，how）。

規劃的主要目的是要讓企業成員瞭解為何而戰，以降低不確定性對組織的衝擊，並且可從計畫中去協調組織資源，減少資源重置與浪費，並可提供控制所需的標準。

(二)組織

設立部門將人員做刻意的安排，並且分配部屬間的工作職掌、分配資源、建立職權與溝通協調的管道，以便工作能按照計畫完成。確認安排好組織的工作權責後，接下來就是決定適當人選、召募具有潛力的員工、遴選員工、設定工作績效標準、建立員工報酬制度、績效評核、輔導員工、員工的訓練和發展。因此，任用部分也含括在組織部分。

案例 1　黑莓裁減人力

黑莓公司(BlackBerry)的前身為Research in Moton，黑莓曾風光一時，但自從 iPhone 與搭載 Android 平台的手機崛起後，黑莓就屢屢錯失良機，導致市占率大幅萎縮，營收遽降，由於財政吃緊，最終淪落到如今被迫裁員 40%，折合 5,000 名員工。

圖片來源：Kyle McInnes. http://www.blackberrycool.com/2008/10/21/rim-updates-blackberry-developer-tools/

(三)領導

設定企業長遠的願景、策略以及目標，並能說服員工致力於組織目標實現的程序，驅使企業員工並能促使各部門相互溝通與解決衝突。

案例2 鴻海董事長郭〇〇先生（個資法要求，不得公告全名）長遠規劃

2010年，郭〇〇先生，立下了未來這十年目標，要做四件事情：做好經驗傳承、帶領鴻海度過景氣波濤、協助臺灣科技轉型以及練身體。郭董事長規劃的新事業布局，還包括LED、太陽能、無人化工廠、機械人、自動化、網路化，以便加速全球化。

（四）控制

是管理功能的最後一個環節，在一剛開始企業就為產品或者服務設定標準，在整個生產流程當中，企業必須常檢驗產品是否合乎標準，若實際情況與計畫有所差異時，則必要時採取補救的行動。換言之，控制就是提供由結果到回饋之間的必要連結。提供管理者組織的目標，是否有達到預期規劃目標。

案例3 MAZDA致力開發SKYACTIV節能技術

MAZDA近年來致力開發SKYACTIV節能技術，此車體結構的重點在於使用鋼性提升30～40%以及重量減輕8～10%的先進鋼材，再設計出能符合各國家車輛撞擊測試標準的車體架構，使車輛擁有高鋼性、輕量化且保有駕駛樂趣、節能高效率的多元優勢。MAZDA出貨前，都會將車輛進行國家車輛撞擊測試，確認符合各個國家的安全標準。

圖片來源：汽車日報官網。

第二節　企業管理的關鍵角色

管理大師Henry Mintzberg（亨利・明茲柏格）在1960年代末期，曾將管理者的角色分為三大類、十種角色。

➢一、人際關係類角色

(一)頭銜角色(Figurehead)

企業對外象徵性的領導人，此人是須執行法律、名目的例行工作，參加各種集會、接見重要訪客和簽署文件等，亦是社交禮儀的代表，如臺灣現任總統馬英九先生。不過，管理者如果只能扮演好頭銜角色，充其量也只能算是個傀儡人物。

案例4 英國王室伊麗莎白二世

從十九世紀起，依照英國政治慣例，政權由首相、內閣及由上議院及下議院組成的英國國會完全掌控，而英國國王或者女王則為國會無黨派成員。因此，現代英國是奉行虛位君主制的，雖然英國王室沒有政權實權，但在英國人民心中，英國王室是國家象徵與精神支柱的重要角色。

圖片來源：http://tupian.baike.com/a2_61_35_01300000164456121707353118646_jpg.htm

(二)領導者(Leader)

但所謂的領導者卻是要「做對的事」，那什麼才是「對的事」，就要靠領導者平日不斷的逆思考來找企業遠景，並透過溝通、激勵以及其領導人的影響力，來引導成員方向。

案例5 臺灣與南韓領導人差異

與臺灣經濟發展程度較為相似的南韓政府，由於其制定國家政策的大方向明確，且正確擬定產業政策及工業管理體制。在 2009 年，臺灣的 GDP 約 3,700 億，是世界第 25 大經濟國，而南韓則超過 9,200 億，成為世界第 15 大經濟國。

臺灣與南韓最大差異，就是在過去幾十年裡，南韓實行的是以「大企業集團」為主導的經濟發展模式，用政策手段扶植了數十個超大型企業集團，如：三星集團、現代汽車等。待集團成長為一個巨人後，因為組織太過龐大，造成內部組織管理不彰，企業競爭力下降。此時，南韓政府開始對企業進行了結構調整，利用企業之間合併、分離、出售等產業置換，迅速淘汰集團所屬的劣質企業，使這些大企業集團把主要力量放在原先已確定的經營重點領域上。在這當中的三星集團也清理 23 家所屬的子企業，將主要經營領域集中於半導體、信息通信等占優勢的行業。

為了更進一步提高南韓的國際競爭力，南韓政府全力扶持高科技產業，投資「最高附加價值產業」，為了完成此一國家目標，實施了「21 世紀精英工程」，即從 1999 年至 2005 年七年間，每年投資 2,000 億韓圜興建研究生院和大學，以信息通信網路、電腦、人文科學等為重點，且在漢城大學等高校內興建具有世界一流水平的研究中心。

反觀臺灣的總體經濟表現落後於南韓，成為亞洲四小龍之末，李登輝前總統 2013 年 6 月 1 日提及，主要是臺灣的國家領導有問題，身為領導者既沒有國家目標，讓人民對未來也沒信心，臺灣經濟發展持續低迷不振，造成人民的薪資無法提高，社會貧富差距愈來愈大。

企業除了領導者外，還需要高階、中階或者基層管理者來協助組織運作，身為管理者主要重點是「把事情做對」，因此，管理者會透過聘僱、獎懲、激勵、指導、協調、調查等手段，來幫助員工瞭解組織或部門的目標，進而利用溝通以及協調功能來激勵員工，使其達成組織的目標。

但無論是領導者或者是管理者，其都需要透過所謂的溝通技巧，來達成組織一致共識，也讓企業全體員工瞭解組織目標以及如何達成工作目標。

案例6 王品董事長戴〇〇先生（個資法要求，不得公告全名）**的書信激勵學**

在講求快速的年代，現在人人都是使用電腦打字、e-mail、手機講話、留言、簡訊和社交媒體即時進行人際間溝通，但王品董事長戴〇〇先生則維持使用傳統手寫書信來與他人溝通，表達自己對人的真誠感謝，這是他所謂的書信激勵學。

圖片來源：王品官網。http://www.wangsteak.com.tw/cultural_steve.htm

（三）聯絡者（Liaison）

《孫子兵法》曰：「知己知彼，百戰百勝；不知彼而知己，一勝一負；不知彼，不知己，每戰必敗。」暗喻著，對一個優秀的企業領導者而言，絕不會故步自封，而願意維持和外界建立良好人際關係溝通網絡管道，這才能接收外界信息，以獲取新知，掌握周圍環境動態及其變化，主要是要謹慎觀察競爭對手的作為，把握任何商業機會。

（四）監視者（Monitor）

管理者要掌握企業周圍環境動態及其變化，對足以影響組織成效的資訊來源隨時監測，並加以過濾、審視，如顧客喜好的改變和競爭對手的計畫。

案例7 智慧型手機開發業者

宏達電的競爭對手並不是 APPLE 蘋果，宏達電真正的競爭對手是三星，主因是蘋果使用的是 IOS 系統，而宏達電與三星是使用 Android 系統，以用戶轉移成本來說，消費者在自行轉換不同手機時，並沒有付出多大的成本，因此，宏達電與三星競爭也持續激烈化。宏達電參考並且去瞭解競爭對手三星產品藍圖規劃，宏達電 2013 年下半年推出代號為 M4 的新 HTC One 迷你版，其對手三星 Galaxy S4 迷你版也計畫從 7 月初起上市，宏達電、三星之間的戰火不會在新 HTC One、Galaxy S4 熱潮過後稍歇，而是會繼續至第三季，尤其宏達電也公布下半年還有一款主打超大螢幕的 6 吋機種，以及一款 5 吋螢幕蝴蝶機二代，都是衝著三星 Galaxy Note 3 而來，也讓兩強之爭繼續延燒至 2013 年底。

➢二、資訊類角色

(一)傳播者(Disseminator)

管理者必須將適當的情報、資訊傳播給合適的部屬或他人，通常是不易且耗時的事情。

(二)發言人(Spokesperson)

在公開場合中，管理者必須以官方立場代表組織傳達資訊給外界，與組織外部的群體溝通。甚至，也要負責遊說他人，尤其是企業的利益關係人，要隨時讓他們知道企業的績效和策略。

(三)企業家(Entrepreneur)

管理者必須以企業家的精神，隨時為組織尋找機會，並且創造擬定改革的計畫、設計新方案、推展或監督專案，以提升組織效能，促使組織發展。

➢三、決策角色

(一)危機處理者(Disturbance Handler)

當組織面臨重大問題或困難時，管理者須負責協調統合的工作，面對並解決無法及時控制的危機與困難。

案例 8 富士康跳樓危機處理

臺灣鴻海集團董事長郭〇〇先生(個資法要求，不得公告全名)，附屬大陸富士康工廠由於不限制工人加班時間，再加上當時大陸工人工資低廉，工人只有挑戰生理極限拼命加班來獲取希望的報酬，造成部分工人的情緒壓抑無處發洩，在情緒低落情況下，導致員工跳樓危機，在郭董事長大幅加薪下，增加工人的薪資，減少工人的加班時間，也進而化解深圳富士康工人跳樓負面影響。

（二）資源分配者（Resource Distributor）

負責將組織的財務、設備、人員、時間等各種資源做最適當分配，以因應組織內各部門的需求，可有效推行組織目標。臺灣教育資源通常在分配上較為不均，就以臺灣教育部於 2011 年通過十年千億的頂尖大學計畫而言，此計畫將在五年內補助 222 名少數頂尖大學學生，每位學生每年可獲得 5 萬美元，攻讀哈佛、麻省理工學院……五所頂尖國外大學博士學位；相對於私立大學學生即使能申請到這五所所謂的頂尖大學，卻不能同樣的獲得公費補助。因此，少許學者要求教育部得重新審慎規劃與運用有限的教育資源分配。

（三）談判者（Negotiator）

管理者為求工作之順利推展，常常經由會議或洽談，為企業的整體利益與部屬、團體組織和外界關係人進行討論、協商談判，以達成協定或默契，或者簽訂正式合約。

以上這十大分類中，並非每位主管都需要扮演每個角色，而是依照主管的位階來決定。在組織架構中，主管有其先天的定位分工：基層主管是以執行層為主，中階主管則是以運作層為主，相對的企業高階主管則是經營層，各自需要不同的能力以及需扮演不同的角色（如表 1-1）。

在 2012 年 104 人力銀行的調查資料中，在不同階級下主管所需人才的能力調查，以初階／中階主管來說，溝通力占了 68.1%、抗壓力 54.6%、態度力 52%、專業力 32.6%、反應力 19%；對高階主管來說，則是溝通力 68.4%、專業力 53.6%、抗壓力 31.2%、態度力 23%、創意力 22.7%。由 104 人力銀行的調查資料可得知，基層主管工作仍以專業、工作績效為主，對於規劃策略、描述未來等概念性能力的要求較少；在中階主管的工作中，專業的部分減少，但以跨部門和一般員工之間的協調與溝通能力（人際溝通、激勵部屬等）、概念性能力占的比重增加；至於高階主管，工作中牽涉專業的部分縮到最少，以提出組織的願景、策略等概念性能力最重要。

第三節　企業管理發展的核心要素

歐洲戰神拿破崙曾有一句經典名言：「一頭獅子帶領一群綿羊，可以打敗一隻綿

表 1-1 不同位階下主管所需的能力及工作內容

位階	基層主管	中階主管	高階主管
關鍵能力	專業、執行	系統思考、專業	深度思考、整合
位階重要能力	企業員工通常在經過 2～4 年，對工作條件以及工作內容達到通盤瞭解後，通常會升任初階主管。初階主管通常是在「做事」，除了要具備技術專業能力外，還要能負責督促員工，順利執行上層主管交付的任務，因此，工作比較作業性。	中階主管是位於階層式組織中，倒數第二階層之上的員工，其職權介於基層主管與高階主管之間，中階主管主要是在「協調」，協調主管與下屬，還有部門間的橫向協調，因此，不只要瞭解企業的領域專業，以支援高階主管的決策；還要熟悉企業領域專業，分工讓基層主管帶領執行。因此，中層主管除了要有範疇和系統的想法，還要具備足夠的溝通能力和團隊意識，才能藉由分工帶領團隊一起把事情做好，把部門功能發揮到最佳的程度。一般而言，升任初階主管 3～6 年，能統籌各單位部門資源後，則可能勝任中階主管。	高階主管能夠很清楚自己職能的需求是與初階或中階主管不同的，高階主管除了要能整合各種經營資源，還要能透過深度思考，運用既有制度以外的方法，來突破瓶頸。因此，對高階主管而言，其重點放在須有能力綜觀全局、塑造企業的願景，並有領導、激勵員工以及代表公司對外發言的溝通能力。
實務工作內容（以某金屬股份有限公司 2013 年 6 月徵人）	國貿業務課長 / 副課長 1. 負責審核報價單、價格表、出貨文件及各項業務表單。 2. 協助研討分析業務往來信件。 3. 部門工作分配與監督管理。 4. 負責業務作業與客戶需求之溝通協調。 5. 客訴處理。 6. 協助各項流程改善方案的推動與執行。 7. 整合與規劃課內人力、物力資源的運用。 8. 協助增進業務團隊工作效率。	國貿業務經理 / 副理 1. 負責審核報價單、價格表、出貨文件及各項業務表單。 2. 協助研討分析業務往來信件。 3. 部門工作分配與監督管理。 4. 負責業務作業與客戶需求之溝通協調。 5. 客訴處理。 6. 協助各項流程改善方案的推動與執行。 7. 整合與規劃課內人力、物力資源的運用。 8. 協助增進業務團隊工作效率。	人資主管 1. 制定公司人力資源整體戰略規劃。 2. 制定、執行和改善人力資源相關管理制度與工作流程。 3. 制定招聘計畫，展開招聘工作。 4. 制定培訓計畫，實施培訓方案，組織完成培訓工作和培訓後的情況追蹤，完善培訓體系。 5. 受理員工投訴，處理勞動爭議、糾紛。 6. 參與職位管理、組織機構設置、組織編寫，審核各部門職能說明書與職位說明書。

羊帶領的一群獅子。」意思就是在風雲變幻、詭異多譎的市場環境中，經營企業的不確定性和風險不斷加大，企業的生存與興衰發展大多取決於企業領導者的素質、技能、領導力。身為企業領導者，最重要的就是培養卓越的領導力，把握以及善用企業的核心要素。而企業的核心要素指的即是企業在長期生產經營過程中的知識管理和特殊的技能以及相關的資源（如人力資源、財務資源、品牌資源、企業文化等）組合而成的一個綜合體系，是企業所獨有而與他人不同的一種能力。一般企業的核心要素可分為以下幾項：

➢ 一、洞察能力

身為領導者，須在事情有些許徵兆但尚未發生之時，便能藉由先前細微觀察經濟環境的脈動，準確抓住問題要害的能力，進而瞭解企業未來機會或所面臨危機所在，然後提前做好各項準備工作。

➢ 二、整合能力

在國際化和完全市場化的環境中，企業能夠將不同的人物、事物或資源集結統合，形成自身的核心競爭，並適才適用，以求發揮最大效益。一個企業家的成功，已不是完全取決於資源多寡，而是如何將資源整合，進行功能互補，資源整合已成為當下提高企業核心競爭力的關鍵。

➢ 三、決斷能力

在領導決策過程中，每做任何一種選擇，都必然與機會、風險、利害、壓力、責任等問題相牽連，所以，管理者應該依據穩健的財務規劃、明確踏實的長遠目標和計畫當機立斷的迅速做出選擇方案的能力，而非以短期利益為主，或者盲目追隨市場主流。就如同，中國大陸前主席毛澤東曾說過：「沒有調查就沒發言權」。做任何決定前，管理者都必須謹慎蒐集資料，迅速做出正確的決定，這種堅強的決斷能力，也就是實際工作人們耳熟能詳的決策能力。

➢ 四、執行能力

所謂執行力是一門如何完成任務的學問，指的是能夠確實貫徹達成預定營運目標的操作能力。執行力是企業管理成敗的關鍵，是一套提出問題、分析問題、規劃企業戰略、採取行動、解決問題、實現目標的系統流程。

浩漢產品設計（NOVA Design）董事長陳○○先生（個資法要求，不得公告全名）在 1986 年進入三陽工業，一年後破例升任課長；第三年說服老闆將設計部門獨立為浩漢產品設計公司，二十幾年來在臺灣、上海、越南、美國和義大利，建置橫跨國際的設計研發中心，成為規模最大的獨立工業設計顧問公司。陳董事長認為年輕人進入一個組織，必須先讓主管肯定你的執行能力，執行力就是最好的說服祕方，主管才會放心地交付更多責任給你。

➢ 五、應變能力

企業要能夠居安思危、防患未然，做好各項準備工作和建立應變機制，遇到突發的事件時，才能夠及時做出適當的變通處置和彈性調整，化危機為轉機。遠東集團生產事業分為石化、化纖與紡織三個總部，垂直整合架構完整，也持續研發特殊應用產品，成為全球領導廠商。

2012 年，遠東集團董事長徐○○先生（個資法要求，不得公告全名）表示，這一兩年全球經濟處於動盪不安，但是在動盪時，抱怨政府、抱怨大環境對企業也沒幫助，企業應要增強應變能力，做好各項準備才能達到穩定獲利。

➢ 六、創造能力

成功的管理者不會滿足於現狀，而是能以包容、變通、獨特、敏銳的思考方式，突破已知範疇，即時研發出更優良、更具競爭力的新產品，以領先市場。正如蘋果公司董事長喬布斯 ，我們只生產偉大的產品。蘋果將產品擺上了企業最高戰略的位置。蘋果 70%的利潤是來自五年前還沒有出現的產品創造，也正是持續不斷的開發新品，推動著企業不斷向前，為顧客和企業創造最大價值。

➢ 七、防禦能力

企業要能夠鞏固專有知識、技術、成功經營管理模式（Know How），並致力於建立高轉換成本的顧客忠誠度和難以被對手輕易模仿取代的競爭障礙，才能穩住市場地位。

案例 9　311 日本地震震出全國供應鏈問題

2010 年 3 月 11 日日本東北地區於發生芮氏規模高達 9.0 強震及大海嘯之後，導致日本福島縣的核電廠出現氣爆及核心熔融危機，為因應避免核安危機擴大，3 月 14 日日本決定對關東地區一都八縣進行輪流限電，包括 Sony、Panasonic、Sumco 等企業，導致全球電子生產鏈的零組件供貨情況趨於惡化，如半導體、面板、太陽光電等使用上游原材料和關鍵零組件。日本 311 大地震事件讓全球瞭解到日本掌握全世界的 Know How 關鍵因素，一旦日本無法正常供貨，全球可能面臨巧婦難為無米之炊的窘境。

➢ 八、員工向心力

員工是企業重要資產之一，當企業真心對待員工，讓他們覺得被瞭解、受尊重與被需要時，員工自然會建立對企業的認同感和歸屬感。當員工對企業有了認同感與歸屬感，就會產生高度信任，把企業看成是一個命運共同體，會積極主動、自強自立，並願意榮辱與共。反之，如果員工對企業不信任，欠缺歸屬感，員工工作的熱情和實力都不會被完全激發，每天上班只是為薪水而工作，只會「做完」工作，而不是「完成」工作，也因為對企業並沒有所謂的認同感，所以哪個企業提供更好的福利或薪資，員工便會往哪邊移動，因此，企業的員工流動性會相對增加；相對的，企業的穩定和長期發展就得不到保障。因此，如何讓員工有認同感、留住人才、強化員工向心力，甚至贏得員工忠誠，是領導者和經理人最核心的管理功課。

第四節　創新與創業的精神與意義

在這個環境快速變動的世代中，消費者需求與欲望總是不斷的更新，因此企業必須因應消費者需求的改變，甚至得在消費者未發覺自我潛在欲望前，企業就先把消費者潛在的需求發掘出來，並成功將創意商品化。彼得 • 杜拉克認為創新是一種可讓企業組織再次成功的機會，因此，創新與創業精神是目前企業的重要課題，也是管理者的工作與責任。而彼得 • 杜拉克在《創業與創新精神》一書中曾提到幾種不同的創新來源：

➢一、意料之外的事件

指出乎於原本計畫之外的產物。

案例 10 肉毒桿菌素由來

肉毒桿菌素是由一些腐敗的肉類裡面產生的毒素，以前是印地安人在獵取獵物時，他們利用箭頭來沾這個毒素，射到動物身上，動物被這個毒素所感染，牠就不會動了。後來被使用在醫治斜視病患，但醫生意外發現，病患在治癒之後，魚尾紋竟然也跟著奇蹟似的消失了，因此，靈機一動，科學家掌握意外事件所帶來的機會，將原本致命的肉毒桿菌毒素帶入了醫療美容用途領域，可說是化腐朽為神奇。

➢二、不協調的狀況

當真實與理想之間有差距時，就會產生一種不穩定的狀況，如消費者對產品的期望與實際的感受上有所差異，或者企業在銷售成績與預估目標量上產生極大差異，此時的狀況可能會造就創新的機會。

案例 11 裕隆國產汽車公司

過去裕隆汽車自行生產飛羚 101，部分品質不佳，及消費者對國產汽車品質較差之刻板印象，加上政府開放汽車進口，使裕隆陷入經營危機。後來，嚴〇〇先生（個資法要求，不得公告全名）被迫接管了連續數年虧損的裕隆，力行「快（管理速度要快）、狠（品質要求要佳）、準（市場需求要非常準）」的經營要求，陸續推出「Cefiro」、「March」、「飛羚」，至目前推出的「Luxgen」，讓裕隆在汽車市場占有率上交出亮麗成績。

圖片來源：裕隆汽車官網。

➢三、程序需要

改善效率不彰的舊產物或者程序。

案例 12 彎曲強化建築玻璃

以往臺灣住家或者企業廠房會利用玻璃來達到採光目的，但玻璃在製造成型後，由於搬運、碰撞、刮傷、水氣等作用，都會在表面產生許多肉眼無法看到的微細裂隙，以至於使得玻璃的抗張強度下降一百倍以上。

針對此一缺點，全光武玻璃科技有限公司提供彎曲強化建築玻璃，此類玻璃耐溫差及熱衝擊能力可達到約 200℃而不破裂，且凹凸兩面均可達到相同良好的品質，更顯出清晰的視覺品質，這是未來建築外觀建材的新趨勢。

以服務業而言，服務業的本質與核心是讓人感到舒服而愉快。假若企業規定與客人的感受相抵觸時，服務人員應該適時的變通，甚至於追求讓服務程序更加簡化或者是追求讓顧客感受到備受尊重、關懷的感覺，這都可稱為一種創新。

案例 13 醫療產業

目前皮膚癌的診斷以皮膚切片為主，程序是先取一塊病患的皮膚組織在顯微鏡下檢查來確定診斷，雖然這是一種半個小時內就可以完成的局部麻醉下進行的門診手術，但還是屬於一種侵入性手術切片，因此，美國發展出一部光電掃描器，其主要目的在於減少不必要的皮膚切片檢查，還可排除不必要的醫療程序所產生的費用。

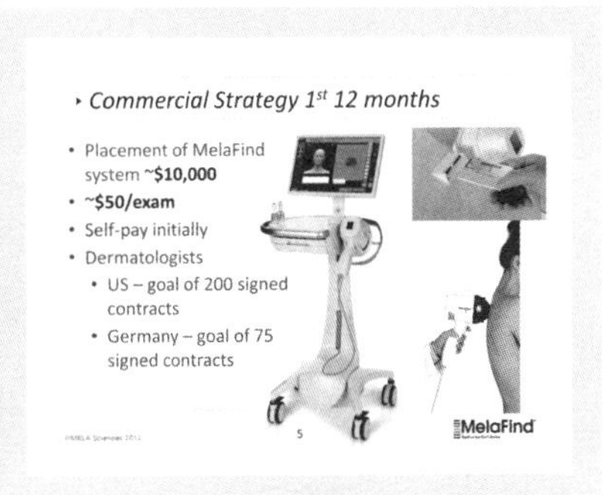

圖片來源：MelaFind Sciences, Inc.
http://www.sec.gov/Archives/edgar/data/1051514/000119312513015163/d467501dex991.htm

➢四、市場及產業結構的突然改變

臺灣的主要出口市場歐美國家，近幾年來經濟不振，臺灣出口量逐漸減少，再加上臺灣主要加工基地大陸，也開始進行經濟轉型，由「世界工廠」轉變為「世界市場」，由「出口導向」的發展導入「內需推動」，臺灣在兩相衝擊下，面臨不得不變的關鍵時刻，不僅要加速產業結構升級轉型，更要由代工走向品牌。

以宏碁公司（Acer）為例，臺灣高科技產業以往在國際舞臺中，扮演代工角色。但施○○先生（個資法要求，不得公告全名）認為臺灣高科技產業必須轉型，提高產品附加價值，並在已知的侷限中，創造更多價值，而「創新」就是企業存活的關鍵所在，因此，逐漸將 Acer 轉向自有品牌。

➢ 五、認知觀點的改變

過去傳統的文化中認為父母應該是與兒子同住，養兒防老、含飴弄孫的觀念及功能，讓許多老人退休後並不會積極參與社會學習活動。但隨著社會生活型態的改變、教育程度提高，老人選擇入住安養機構，安享晚年生活的接受度也日漸提高，讓目前許多「日間照護」、「老人養護中心」開始創立，也讓許多大學開始設立相關系所，以供應市場人力需求。

圖片來源：國立臺中科技大學老人服務事業管理系官網。

➢ 六、新知識

在科技發展的知識經濟時代，有創造高附加價值產品核心技術能力之企業，才能開發出具有特色之產品或服務模式，創造新商機，如：可彎曲螢幕手機、涼感衣、發熱衣等。

總結，創新的種類可分為產品創新、社會創新及管理創新等三方面，所以創新並

三星公司在 CES 推出一款首度採用 OLED 可彎曲軟性螢幕的 Windows Phones 系統手機。
圖片來源：世界新聞網 http://www.worldjournal.com/

涼感衣。
圖片來源：7-11 官網。
http://www.7-11.com.tw/7design/13extracool/index.html

非侷限於科技或科學的進步，只要造成人類行為改變的典範轉移皆可稱為創新。例如，Facebook、YouTube、Ruten 便造成經濟環境與社會氣氛發生變遷。

身為企業家，發現新的創意後，會緊抓住機會，捕捉市場機會，將新概念轉化為新的可實踐產品或服務，進而開發新產品、新服務，開拓新市場，這就是所謂的創業。簡言之，創業是指發現和將潛在價值轉化為現實價值的過程；而創新則是展現「創業精神」的特殊工具或者手段。

創業，有人成功、也有人失敗，這並非是帶有概率性的偶然事件。若企業不能跟隨時代的腳步持續做改善且做到滿足消費者的價值標準，那業績遲早會一落千丈，即使剛創業之時門庭若市，屆時恐怕會變成門可羅雀的下場。傑出的成功創業家並不是死守一個既定目標，而是不斷地評估企業自身所處的社會經濟環境，畢竟環境是常變且多變的，在不同的環境情況下，創業家要思考如何運用自身優點，以及手上既有的資源，與這些環境互動，彈性地設立符合當時整體情況的最佳目標，不斷的突破原有環境的既有疆界，創造出新的產品或服務的歷程，這就是所謂的「創業精神」。

2012 年 7 月 4 日，台積電董事長張〇〇先生（個資法要求，不得公告全名）提及，創業如果沒有創新，沒有一個好的新點子，意義不大，成功機會也不大，企業若只強調高生產效率不是夠新的新點子，而且推出來的新產品、新技術，也要有人買才能轉化為經濟。張董事長以競爭對手中芯國際為例指出，該企業以低工資、高資本作為創業基石，不是了不起的創新，也注定不會成功。但這實質的意義是將「知識」轉為「經濟」的概念，因此鼓勵年輕人要創新、創業。

第二章

經營環境

MANAGEMENT
企業管理概論與實務
THEORY AND PRACTICE

第一節　企業總體環境

自古「孟母三遷」的故事，主要講述的是一位母親為了讓孩子在成長過程中，耳濡目染，能受到好的薰陶和影響，不惜辛苦搬遷以篩選好的成長環境，也正是因正確選擇對兒子有利的教育環境而成就出偉大的孟子。

中國有句成語「近朱者赤，近墨者黑」，這是說明外部的周遭環境對人的影響甚大、甚遠，惡劣的情境將導致惡劣的行為。因此，慎選環境相當重要，但什麼才是適合自己的環境？此時，就要先瞭解自己優、缺點，知道自己適合的環境，才能將好的行為和才能發揮出來。人是如此，企業也是如此。

企業經營好壞不僅取決於企業內部環境管理能力，更是受企業外部經營環境影響很大。因此，企業需要依據本身具備的經營資源與能力，如上下游廠商、競爭對手等，建構一個對自己最有利的營運環境。企業組織處於開放系統中，就必須考量企業外部環境會給企業帶來的任何影響；企業外部經營環境是指企業賴以生存，但又非企業管理者能掌控的社會系統；簡言之，也就是企業外部各種能影響企業經營的因素總稱，如政治環境、法律環境、社會與文化環境、技術環境、經濟環境、人口統計變數環境、科技環境、自然環境等的總稱，如圖 2-1 所示。企業外部環境的影響可能是對企業有利或者有害於企業的經營，無論是正面或者負面影響，企業都必須偵測環境的機會及威脅，再配合企業所擁有的優勢及弱勢，以制定競爭策略。以下分別說明各個環境因素帶給企業的影響程度：

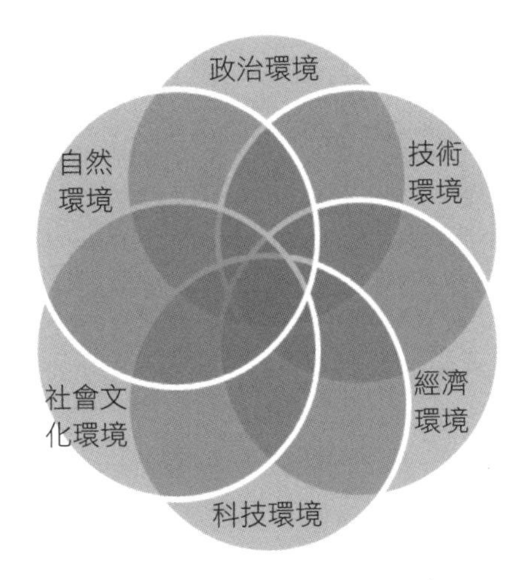

圖 2-1　企業總體環境

一、政治、法律環境

是指一個國家或地區的方針政策、法律法規，國內外政治形勢的發展狀況。一個國家政治的穩定與否，影響企業的經營行為以及企業較長期的投資意願與行為。

案例 1 ECFA 簽訂

如近年來臺灣積極促成與大陸簽訂兩岸經濟合作協議（ECFA），將出口到大陸市場的產品享有零關稅，讓臺灣產品在價格上與其他相類似產品較有競爭力，再則也有助進一步有效開拓大陸市場，進而鞏固臺灣的出口優勢。

ECFA 協助臺灣產品銷往大陸，2011 年 1 月 1 日至 2012 年 6 月底為止，臺灣產品出口大陸已節省約 3.6 億美元的關稅，且截至 2012 年 1 月分已經有 94% 的早收項目出口大陸享有零關稅，ECFA 早收效益將持續擴大。且根據屏東縣政府統計表示，2012 年 1 至 7 月屏東鳳梨外銷數量近 2,200 噸，在全臺灣居冠，比 2011 年成長近 5 成，銷往大陸市場的量更首度超越日本。

二、社會文化環境

一國社會文化的因素對企業的生產經營有著潛移默化的影響，甚至可能會抵制或禁止企業某些活動的進行，如人口、居民的收入或購買力、居民的文化教育水平、風俗習慣和宗教信仰等。

（一）國家文化、宗教、價值觀

企業國際化是個趨勢，但產品及行銷策略應要隨著國家文化、宗教、價值觀的不同而有所變動，例如：西方人喜歡雞胸肉，但中國人則喜歡多汁的雞腿肉；中東人喜歡用有辣味的牙膏刷牙；日本人偏愛加有藥草的感冒藥、印度教的信眾不吃牛、回教徒不吃豬肉等這些飲食及生活習慣的差異。因此，即使是同樣一件產品，在某個國家受到歡迎，但在另一個國家卻可能沒市場。

案例 2 麥當勞麥香魚來源

麥當勞也非常清楚這些規則，因此麥當勞產品往往會針對各個國家市場而有所修改更動，例如銷售量很高的麥香魚，是為了回教國家而開發出來的產品，這開發出來的新產品，往往也可能成為全球化新產品的創意來源。

圖片來源：麥當勞官網。

（二）居民的文化教育水平

社會運動與社會思潮的改變，也會影響企業的經營與管理，如：環保運動。

案例 3 美麗灣渡假村開發案

臺東縣政府以 BOT 方式，將位於臺東卑南的杉原海岸出租給美麗華集團開發經營美麗灣渡假村，希望能帶動經濟發展、促進地方繁榮，增加地方三百個就業機會，對觀光、地方都有挹注與幫助，且可兼顧開發保育工作。美麗灣開發案已經費時十年，目前完工率已達 97%，投資案已經挹注逾 10 億元的經費，在 2012 年通過環評後原本以為開幕在即，沒想到臺灣環保團體認為美麗灣公司開發違法規避環評，也發現飯店業者違法傾倒建築廢土，破壞沙灘生態，因此屢次不斷進行抗爭，拆除美麗灣告示牌並強行奪取等行為，讓美麗灣渡假村興建延宕不前，除此之外，環團也立即向環保署提出訴願，但遭駁回，因此隨即向高雄行政法院提出撤銷環評訴訟，並提出停工的強制執行，高雄行政法院在 2013 年 7 月判決強制停工，飯店工程也隨之停止。據傳美麗灣對於停工判決感到灰心，甚至內部已經有「不玩了」的決議，準備撤出 BOT 案，2013 年 10 月中旬美麗灣資遣近 40 名員工或轉介員工開始進行。

圖片來源：自由時報。張存薇記者拍攝。

此次開發案件也讓兩件知名的投資案悄悄落幕，一為臺北福華飯店，原計畫在知本及東河投資五星級觀光飯店，因擔心環保議題，即使企業一切依法，但對聲譽恐有影響，因此撤資，不再對臺東進行相關投資案。另一件則是知本原有耐斯企業的東方式迪士尼公園的投資案，也因憂心臺東環保團體如此的抗爭而放棄開發案的投資，決定撤資，不再對臺東進行相關投資案。

（三）人口

社會文化環境中還包含一項非常重要的考量因素，就是人口統計。生育率低落是許多先進國家的共同課題，據統計，臺灣2010年的總生育率跌破「1」字大關，從前年的1.03驟降至0.895，代表平均每對夫妻一輩子生育不到一名子女，在全球生育率排行倒數第一。

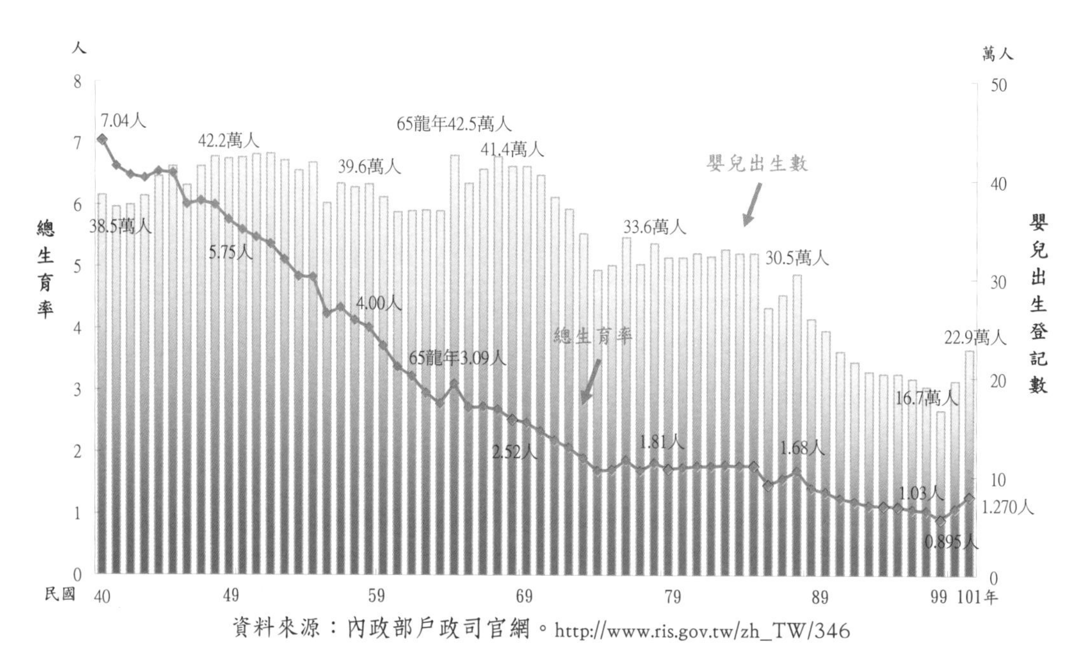

資料來源：內政部戶政司官網。http://www.ris.gov.tw/zh_TW/346

圖 2-2 總生育率及嬰兒出生登記數

臺灣企業看到這樣的統計數字，須開始思考臺灣產業的未來走向，可能要以醫療保健業、或者長期照護等老人需求為主。

案例 4 台塑的長庚養生文化村

臺灣經營之神王〇〇先生，在數十年前就有此產業的遠見，在桃園縣龜山鄉小山區成立了台塑的長庚養生文化村，為銀髮族創造了健康快樂園區，如果一個人長住約22坪的房間，每月平均只要26,000元，兩個人合住也只要3,1000元，但在此得到的是優質的居家照護、醫療照護等。

圖片來源：長庚養生文化村官網。http://www1.cgmh.org.tw/cgv/plan_overview.htm

➢三、技術環境

是指應用在商品或服務的生產、配銷過程中的技術與設備水平和發展趨勢。科技變遷對企業而言，使新科技取代舊技術，可縮短產品生命週期，引領創造出新的經營形式，為企業帶來新市場及新機會，以提升企業效率，也會影響企業經營的利潤、成本。

一般來說，對企業經營有直接影響的科技，主要是「交通運輸科技」與「資訊科技」這兩項。以虛擬校園為例，傳統教學針對每門課程配備一間教室，而科技技術革新顯著且改變了校園學習的未來發展趨勢，學生不用千里迢迢來到校園學習，可以利用空閒時間上線學習，對學校而言，也無須購置面積廣泛的校園，也不需要增聘校友或者保全來維護校園安全，可節省大量成本。

➢四、經濟環境

經濟環境會影響廠商競爭及獲利情形，簡單來說，當一國經濟力不足時，民眾會更加緊縮消費力，以備不足之需，此時，企業的銷售市場就會萎縮，營業額下降，獲利減少。換句話說，當經濟前景看壞，消費意願低落；經濟前景看好，消費者就會勇於消費。

案例5 以亞力山大健身俱樂部為例

1982年，唐○○小姐（個資法要求，不得公告全名）用200萬元新臺幣創辦了一個健身企業亞力山大健身俱樂部。二十五年間，亞力山大迅速成長為一個包括舞蹈、健身、按摩、美容、餐飲等服務的多元化會館，業務橫跨海峽兩岸，全盛時期擁有19家分店，月營業額最高達到2.5億元，被譽為「臺灣最會賣健康的女人」。2007年12月10日，唐○○小姐突然宣布亞力山大在臺灣的會館全部停業，原因是沒有估計到臺灣經濟衰落得如此之快，企業陷入不斷虧損的境地。唐○○小姐曾哽咽告白說：「這個大環境太爛了，我真的撐不下去了」。

圖片來源：中新網官網。http://big5.taiwan.cn/tp/jjkj/tw/200712/t20071214_501628.htm

對企業而言，最直接的銷售市場是與企業關係最密切、影響最大的環境因素。但不可抹滅的是，巨集觀經濟形勢、世界經濟形勢等國際經濟環境對企業的影響更加嚴峻。

案例 6 就以亞洲最大經濟體日本來說明

在安倍晉三 2012 年 12 月 26 日出任日本內閣總理大臣後，採取積極寬鬆貨幣，以 20 兆日圓推動公共建設、活化地方及發展企業、狂印鈔票貶值日圓的政策，截至 2013 年 5 月匯率已貶破 103 日圓兌 1 美元，日圓貶值促使投資者移轉投資標的，造成外資匯入金額持續增加，造成新臺幣升值壓力。

在新臺幣升值情況下，假若臺灣生產的產品與日本產品是屬於同質性極高，則臺灣產品出口的價格競爭力將不如日本產品，其他國家則會轉為向日本進貨，對臺灣出口商是比較不利的，這是臺灣面對外來企業競爭須注意的課題。台積電也曾發表聲明，新臺幣匯率每升值 1%，台積電毛利率就會下降 0.4%，營業利益率下降約 0.5%。由此可知，企業面臨的經濟環境不能只侷限於國內消費市場，而是擴大到國際經濟市場。

圖片來源：TaiwanRate 官網。http://www.taiwanrate.org/exchange_rate.php?c=JPY

圖 2-3 最近一年日圓對臺幣走勢趨勢圖（最近一年臺幣升值 27.01%）

➢ 五、自然環境

即是指一個企業所在地區或市場的地理、氣候、資源分布、交通等因素。

臺灣自古以來都是「西高東低」的情況，也就是企業發展較為偏向於臺灣西部，主要原因在於臺灣西部交通便利，再者，臺灣西部氣溫較為溫和，即使面臨臺灣常有的颱風威脅，臺灣西部有中央山脈的保護，因此，企業在設點部分大多會以臺灣西部為主要考量。

由於地處工業產品的附加價值低、交通不便，與工商發達的西部隔著中央山脈的花東地區，經濟生產力始終無法趕上西部各縣市；在經濟不繁榮、就業機會少，使得花東地區人口外移，因此，提升花東地區競爭力，首要應是紓解東部長期交通不便的困境，以吸引企業進駐。臺灣政府目前也正在考量以興建蘇花高速公路或者是蘇花公路危險路段替代道路來發展與改善當地的環境，但目前皆受到環境保護團體的抗議，暫時還是暫緩該計畫中。

因此，由此可知企業在設點上，仍會以是否有優越便利的聯外交通和多元的交通方式來考量，主要是因為可縮短物品以及原物料、零組件移動的時間，畢竟時間就是金錢，而企業就是以利潤為導向的組織。

第二節　企業面對的各種任務環境

任務環境是指與組織活動有直接關係的考量因素，一般來說包含顧客、供應商、人力資源市場以及競爭者等。

一、顧客

是向企業購買服務或產品的人們，他們可能是最終的消費者、代理人或供應鏈內的中間人。決定組織能否生存的關鍵因素之一，就是企業有沒有將顧客視為衣食父母。

案例7　全國電子用「足感心ㄟ」行銷廣告

全國電子用「足感心ㄟ」行銷廣告，暗喻全國電子將顧客照顧到無微不至；7-11 便利商店前總經理徐〇〇曾說：「『融入顧客情境』是我們的核心競爭力。」這句話點出百分百滿足顧客的需求，甚至在顧客尚未發現不滿意前，企業就必須不斷推陳出新，以新服務、新產品來滿足顧客多變的需求。

圖片來源：全國電子「足感心ㄟ」行銷廣告畫面。

二、競爭者

是指同一產業中，提供消費者相同的商品或服務的對手。企業無論在做任何決策前，必須先清楚的知道競爭對手是誰以及競爭對手目前的策略為何。針對不同競爭程度的對手，企業可採取不同的競爭活動對策來因應，以免錯失商機或者市場被瓜分。一般可區分為直接競爭與間接競爭兩種。

(一)直接競爭

是指提供相同產品或服務的廠商，又可以根據競爭的狀態區分為：

1. 完全競爭

競爭者的家數眾多，提供的產品近乎同質，若此時競爭對手以降價來爭取客戶，企業也只能跟進，否則，在相同品質的產品下，難以穩住市場占有率。

2. 獨占性競爭

廠商數多，不過每家賣的產品各具特色，產品、品質、包裝、或者服務上有些許差異化存在，所以在這個競爭市場中的企業要不斷的研發新的商品、或者努力營造自己的產品特色，才能夠吸引消費者購買。除此之外，在價格上，也要有所克制，不要與其他競爭者差價太高，畢竟企業產品仍然與競爭者產品是屬於同一類商品，彼此的替代程度還是相當高的，例如：如果 85 度 C 咖啡沒開，消費者可能就會改買其他店家的咖啡，如 7-11、全家便利商店等。

3. 寡占競爭

廠商家數少，生產與定價決策會互相牽制，如臺灣石油市場是由中油、台塑石油以及台糖等廠商掌控。一般來說，油品價格漲跌都由中油決定，而其他廠商則是價格跟隨者，雖說如此，中油也不敢漲跌太大，以免造成彼此間的價格廝殺。

4. 獨占市場

產業內僅有單一個廠商，沒有類似的替代品，如台電。

(二)間接競爭

指廠商雖然提供類似的產品，但卻針對相同的顧客，因此會有爭奪顧客的現象出現，例如，影視 DVD/VCD 出租店與二輪電影院。

➢三、供應商

是指提供企業生產所需的原物料、零組件的來源。 外部供應商、客戶的經營活動互相鏈結，就形成了波特口中的「價值鏈」。價值鏈中的每項活動，都是企業可能的優勢，因此必須與供應商保持長久緊密的關係，以確保原料、零組件的來源穩定。

再者，企業與供應商的合作關係良好時，由於供應商願意迅速且較經濟地提供原物料，對於生產企業增強成本控制，亦可獲得成本的降低，以及在品質水準維持良好一致性。例如，臺南市奇美材料科技股份有限公司就將與供應商的關係視為重要目標之一，奇美材料股份有限公司認為與供應商之間的管理及互動維持長久且良好的合作關係，即可獲得穩定的產品品質及交期。

➢四、人力資源市場

人力資源市場是指在外部環境中的勞動力，他們是企業人力供應的來源。由於臺灣少子化問題，再加上臺灣漸漸邁入老年化社會，導致當前臺灣的人力資源市場受到下列兩個因素的衝擊：

(一)勞動供給減少

根據內政部戶籍人口統計資料顯示，2012 年底，全臺灣 65 歲以上高齡人口數占臺灣的總人口比率為 11.15%、0 歲至 14 歲人口占全體的 14.63%、15 歲至 64 歲青壯人口占 74.22%。依據人口資料推估，臺灣將在 2018 年成為高齡社會、2025 年邁入超高齡社會；到了 2060 年，高齡人口比率將超過 39%。當可以勞動的年齡人口比例下降，就會減少了勞動力供給數量，此意味著臺灣總產出將會下降，因此，企業應考量以更有彈性的工作方式來提升勞動供給，如契約工作者、彈性工時等。

(二)知識生命週期縮短

科技日新月異，且客戶需求變化迅速，產品生命週期也隨之縮短，進而導致知識生命週期的縮短，而企業面臨著激烈的競爭，需要有新的創意、新的構想，因此，企業除了可以引進更好的人力資源之外，還要針對現有的員工提供持續性的教育訓練，結合員工崗位以提高技能，加強自我優勢，例如：參加培訓、特別指導、指派特別項目、崗位輪調等。

案例 8 麥當勞的「全職涯培訓」

麥當勞強調的是「全職涯培訓」，不只是透過地區性訓練中心、或是漢堡大學的課堂教學，它還落實在員工的每日工作，也就是達到所謂的邊學邊做。無論是高階主管或者是餐廳經理，都要從基層員工做起。麥當勞每年至少撥出 500 萬元的金額在每一位餐廳經理身上，至麥當勞的漢堡大學受訓，接受如同 MBA 的課程訓練，以瞭解如何進行管理、品牌行銷以及媒體溝通等課程；再者，臺師大與麥當勞於 2011 年簽署「學分認證合作協議」，未來麥當勞顧客滿意學院訓練經理人的課程，有六學分獲得臺師大管理學院承認，以這種方式來培訓高階主管接班人。

第三節　探討企業因應環境變遷及影響環境的方法

突破困境瓶頸，提升企業內部優勢，增加外部環境競爭力，隨著社會變遷而有所調整，組織必須因應其調整以降低衝突。一般可從兩方面來探討：組織的被動適應機制與組織的主動影響機制。

➢一、被動適應機制

(一)跨界角色的設定

顧客不一定是對的，但顧客的需求，身為企業管理者要知道，也必須盡可能滿足顧客需求。但有時連顧客都不知道自己的需求在哪裡，企業管理人如何去得知顧客需求，這是一個決勝的關鍵點。

為了在許多競爭者環伺下求生存，管理者必須得到足以預測未來問題的資訊，而跨界角色就是一個可以讓企業探知外在情勢變動的相關個人和團體，管理者有足夠的訊息後，便可運用預測及規劃活動來因應環境變化，指出未來趨勢，以因應不確定事件。

而所謂的跨界角色，如：資料庫、報章雜誌、商展，或者企業的行銷人員可以藉由銷售過程當中，得知顧客需求。

案例 9 以臺灣國小的營養午餐祕書角色來說明

臺灣每個國小都有指派一位午餐祕書，主要是督導及承辦學校午餐工作，從食品材料採購、指導廚工製煮烹調、營養教育、午餐費收繳與菜金結算等，近年來因隨著物價上漲，校園午餐成為國內食品安全衛生管理重要一環，畢竟，物價上漲，營養午餐廠商為了省成本，會使用即期品，甚至購入過期或者有問題的肉品製成國小孩童的營養午餐。

屏東就有不肖業者，把斃死豬肉加工成排骨酥和咕咾肉，再賣給屏東當地數十間的國中小學，成為孩子們的營養午餐。因此，跨界者身分的午餐祕書在成本與廠商把關上的角色儼然形成。

（二）企業應要發展彈性結構

在全球競爭下與企業國際化下，無國界、全球化的企業發展已成必然趨勢，產業面臨更多問題與競爭挑戰，因此，企業更需有應變之道，且在人力資源管理角色必須迅速調整，來面對工作型態改變。畢竟，企業已經不再侷限於本國國內，聘請的員工、職員也已擴充到外籍人士，因此，企業可採變形蟲組織發展機制，如利用派遣人員等來靈活運用。

（三）企業的合併與併購

1. 企業併購

這也是一個降低環境不確定性的方法，而所謂的企業併購就是企業買下另一家公司。

案例 10 富邦金控併購 ING 安泰人壽、台北銀行

ING 安泰人壽為荷蘭 ING 集團的子公司，2008 年金融危機時，荷蘭最大的金融集團 ING 也遭受波及，無法倖免，於是荷蘭政府投注 134 億美元（約為 4,370 億新臺幣）的資金協助荷蘭 ING 集團。隨後在 2008 年 10 月 20 日富邦金控以 6 億美元（約為新臺幣 195 億元）併購 ING 安泰人壽。主要原因還是在於荷蘭的金融監督管理要求比臺灣嚴格，以歐洲標準來審視，ING 安泰人壽獲利能力大幅下降，所以荷蘭 ING 集團發生危機之後，才會馬上讓富邦金控併購 ING 安泰人壽，由此可知，即使 ING 安泰人壽擁有悠久歷史、優良企業形象、龐大的資本額等優勢，但似乎也無法從全球金融風暴之中倖免。

圖片來源：富邦金控官網。

另一個，目前最夯的案例就是富邦銀行併購台北銀行。富邦金當年以換股合併的方式「連闖兩關」併購經營績效良好的台北銀行，台北銀行的資本額原本有 223 億元，在與富邦銀行合併後，原先的資本額減了將近一半。但就以通路來看，富邦銀行原本的據點約 40 多家，但合併台北銀行後，分行家數達 121 家，成為國內民營銀行之首，其中有 80 家位於臺北市，占盡財富管理與企金發展優勢，更承接台北銀行 2 家海外分行及 2 家國外辦事處。但也在富邦金合併北銀後，旗下銀行總資產馬上躍居 1 兆 1,000 億元，位居國內民營銀行第二名。

2. 企業合併

兩家或數家公司合併成一家公司，2012 年國立臺中技術學院合併國立臺中護理專科學校後，改名為國立臺中科技大學，在少子化後，因就讀學生人數減少，學校在無需擴建資源設備下，只要兩校合併，就可達到資源共享，且以多元化方式進行教學。

➢ 二、主動影響機制

（一）廣告及公共關係

在產品宣傳和推廣上，廣告和公關是公司的二大利器，這兩種方式都是屬於企業主動影響消費者或者利害關係人在心目中對企業的定位與印象。

1. 廣告

是付費使用媒介物的報導活動，它是企業以直接、明顯的方法向現有的和潛在的

市場傳遞信息的一種手段。若仔細細分，廣告一般可再分為兩方面：

(1) 商品廣告是針對消費者推廣產品，影響消費者喜好；換言之，就是先讓公眾認識產品，進而去瞭解、認識企業。例如：Butterfly 手機。

(2) 公關廣告則是讓公眾先認識組織，再認識產品。如同全國電子「足感心ㄟ」的企業形象廣告，以凸顯企業以顧客為優先的「同理心」，打響全國電子「感動行銷」策略，或者是 7-11「就在你身邊」的廣告。

2. 公共關係

國際公共關係協會為「公共關係」一詞所下的定義是：「公共關係是指企業衡量社會大眾意見，運用有計畫性的蒐集大量的資料，力求政策上或措施上的配合，爭取並維持公眾之瞭解、接納與支持，用以獲得共同利益。」簡單來說，公共關係試圖影響所有與企業有關的人、事、物的價值觀，乃在維持企業聲望、協助行銷活動，此部分並非僅針對消費者，例如認養公園、植樹、舉辦淨灘活動、捐款等。

（二）標竿企業聲望

《天下雜誌》都會舉辦「標竿企業聲望調查」，此獎是依據「前瞻能力」、「顧客導向」、「營運績效」、「財務能力」、「人才培養」、「科技運用」、「長期投資」、「公民責任」、「跨國營運」、及「創新能力」等十項指標，來進行評分。這份榮譽被視為企業界的奧斯卡獎，間接也幫企業打響企業形象廣告。2012 年台積電全面拿下十項指標第一，連續十六年，蟬聯「臺灣最佳聲望標竿企業」跨產業類組的冠軍。[資料來源：2012《天下》「最佳聲望標竿企業」調查說明（調查設計與執行：天下雜誌群調查中心）]

（三）媒體報導

媒體對企業的報導是將企業資訊傳播給社會大眾，同時引導社會大眾關注特定的企業議題，達到監督企業的效果。就以欠稅逾 3 億元的前太電董事長孫〇〇先生（個資法要求，不得公告全名）為例，2010 年被媒體揭露，其欠稅期間，不僅揮霍無度，還開名車、住豪宅、買精品，引起社會大眾負面觀感，讓社會大眾認為欠稅大戶不是繳不起稅，而是不願意繳稅，也因在媒體揭露以及社會大眾輿論壓力下，行政執行處強力執行管收。

（四）政策性活動

又稱為遊說（Lobbying）。企業集團可以透過政治獻金、遊說等手法，影響政府的法令及政策，從而保障企業利益。

案例 11 企業如何遊說政府

2008 年 10 月，古巴政府宣布在其近海發現了 200 億桶的石油儲量，但古巴本身不具備修復深海油井的先進技術和設備，招攬外國石油公司合作開發，目前各國爭相獲得古巴深海石油開採權，如加拿大、委內瑞拉、挪威、巴西等國。

唯獨美國對古巴開採近海石油計畫反應強烈。美國對外宣稱主因是受墨西哥灣漏油事件的影響，因此不斷對外國石油公司施壓，如以禁運政策，讓外國石油廠商只能在美國與古巴中做出抉擇，但美國石油開採承包商不因此放棄，目前正在積極遊說政府採取更為靈活的對古政策，成為此次推動對古能源解禁的積極派。

（五）商會

以類似的企業共同組成的團體，藉由團體的力量來影響經營環境，包括政府的政策以及法律規定。

案例 12 以商會名義進行政策遊說

美國商業軟體聯盟（BSA）估計，在 2009 年，中國大陸就有 79% 的電腦使用盜版軟體。商業軟體聯盟要求中國政府要積極的打擊盜版，以確保政府部門和企業只使用正版軟體。2010 年美國軟體企業，包括微軟在內的 12 家美國軟體公司，以商會的名義會見美國國會議員和相關的政府官員，要求推動打擊中國盜版，這就是上述所說的「遊說」。

臺灣著名的商業團體，如：中華民國全國商業總會、各業商業同業公會、各業商業同業公會全聯會、中華民國證券商業同業公會、中華民國銀行商業同業公會、全國聯合會等。

（六）善用 FB 主動掌握顧客需求

隨著科技發達，Facebook 儼然已變成社群媒體的「唯一」代名詞，它也早已成為一個新媒體、社群平台或是另類新的行銷工具。漫步走在街上，不難發現愈來愈多的低頭族，將其眼光放在手裡的智慧型手機上，快速又自由地分享某些資訊或者將其情緒發洩在 FB，因此，身為企業管理者，可從 FB 得知顧客的不滿，傾聽客戶心中的需求。

案例 13 主動出擊瞭解顧客需求

網路設備廠商 Avaya 日前宣布，將由勤紘科技代理旗下資料中心網路設備產品線，Avaya 大中華區總裁王〇表示，除臺灣網路設備之外，近年來 Avaya 也積極進軍客服中心（Call Center）業務，王總裁表示，近年來隨著智慧型手機的普及與社群網站等應用變遷，客服中心也由過去被動接受抱怨、處理消費者意見，漸漸轉型成為主動瞭解使用者需求的主要單位，如 Facebook 上的用戶留言等，都成為客服單位瞭解使用者需求的場所。

資料來源：ithome 官網。http://www.ithome.com.tw/itadm/article.php?c=75053

第三章

作業管理

MANAGEMENT
企業管理概論與實務
THEORY AND PRACTICE

第一節　現代作業管理新觀念

生產活動發生在日常生活當中，這些生產活動是推動經濟的主要動力，也是公司是否能成功的關鍵。一般人所謂的生產，即為工廠製造出產品時，必須經過的一切活動與過程，此為狹義的生產。在此定義下，任何一種生產活動，均需投入各項生產要素（如：機器、土地、資本與原物料等），經一定的結合，轉變為各種特定有實體產出的產品。

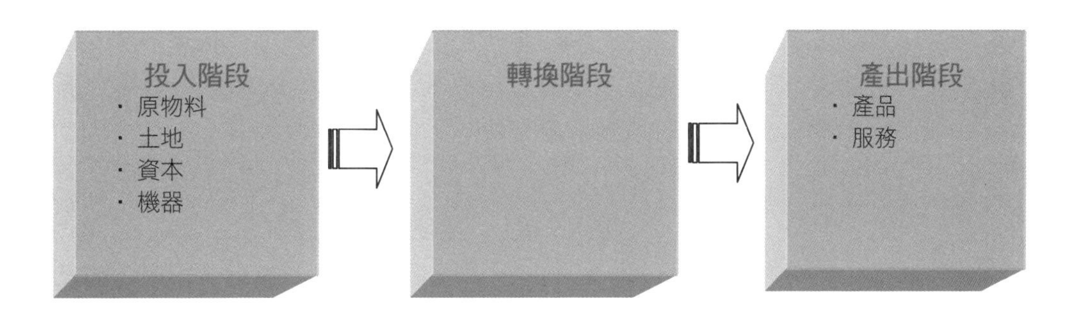

圖 3-1　投入－產出過程

但生產活動不僅限於實體商品的產出，更可擴大定義為凡變更物的形狀、位置、時間或產權，而增加產品效用的行為，都可稱為生產，此為廣義的生產。

1. 實體的生產，例如製造 butterfly HTC。
2. 位置的生產，例如新竹貨運將產品由臺北運輸到高雄。
3. 交換的生產，例如統一將產品交由 7-11 便利商店零售給予消費者。
4. 儲存的生產，例如新北市環球貨櫃倉儲提供貨櫃與貨物之點收、裝卸、儲存。
5. 生理的生產，例如老人長期健康照護。
6. 資訊的生產，例如中華電信提供的電話通訊。

現今企業所面臨的問題，已不是單純的生產技術或製造方法，企業營運開始重視如何「提升生產效率」，當時唯有提升生產效率，才能增加企業的營收，而生產系統中任何一個環節，皆可扮演解決任何影響企業營運績效的各種人際互動與管理運作複雜問題關鍵角色的決策與回饋，企業則可利用這些回饋來改善系統的績效，因此上述無論是狹義或者是廣義的生產系統過程，已無法應付各方面的需要。因此，企業需要用更寬廣的視野來看待生產系統，而「生產管理」也逐漸轉變為「生產與作業管理」。

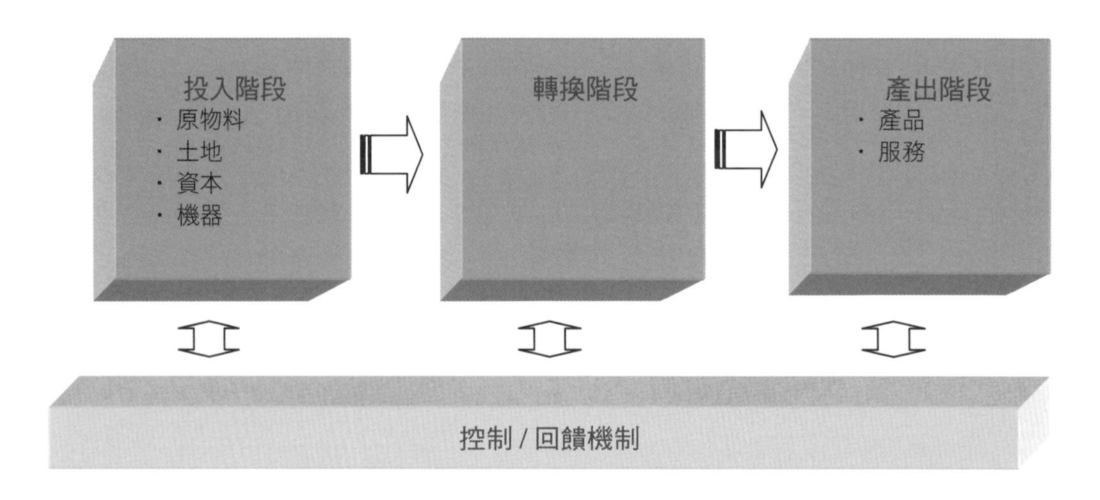

圖 3-2　投入－產出－回饋過程

近十多年來，在科技與全球化的推波助瀾下，原本研發、物流與銷售等產業在生產系統中扮演協助的角色，產生高度的附加價值，使得每個國家服務業的產值迅速提升，反觀原來的主角——製造產業，則在太多的人力與作業流程標準化下，其附加價值提升較為有限，逐漸不受強勢國家與企業青睞，因此，「生產與作業管理」就逐漸變成「作業管理」。

作業泛稱一切從投入原料、資本、勞動、管理等，到產出財貨與勞務的轉換過程。作業管理係指：「對創造財貨或提供勞務之系統或過程的管理」，包含預測、產能規劃、排程、存貨管理、品質保證、激勵員工、設備布置等。

第二節　作業管理意義及功能

➢一、作業管理意義

從生產系統可知，作業管理乃是對所有與生產產品及提供服務有關的活動，做有效的管理。從操作面來看，作業管理是對投入轉換成產品或服務的流程，做系統性的指揮與控制，以創造出顧客價值和利益的過程。

➢二、作業管理流程劃分

整個作業管理流程可劃分為作業規劃、作業排程與作業控制等三個部分，分述如下：

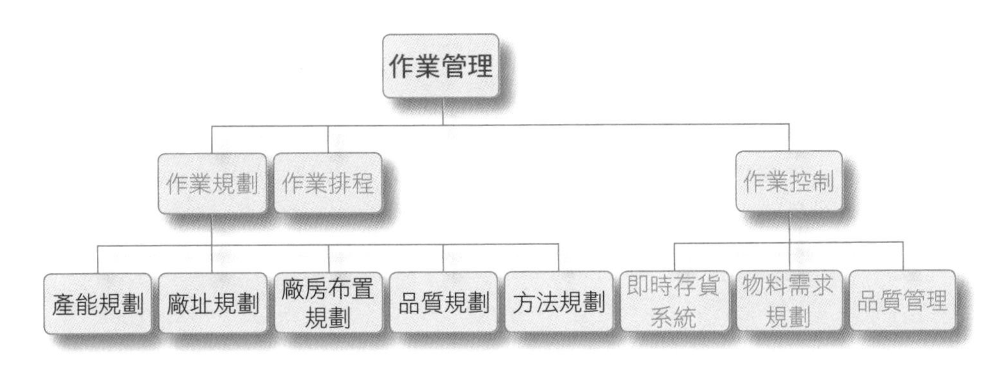

(一)作業規劃

1. 產能規劃

APICS 辭典對產能的定義：「一個工人、機器、工作中心、工廠、或組織的合格產出率能力」；換言之，產能是指在正常狀態下，企業所能生產的產品或服務的數量。

(1) 產能種類

① 設計產能：在理想狀態下，一個工廠或特定生產設備所能達到的極限產出率。鴻海董事長郭〇〇先生提出「無人工廠」，也就是未來工廠內辛苦、骯髒、危險的低階工作都會讓機器人來執行，畢竟「絕不喊累、出錯率極低」的機器人，可以全年無休的工作，讓產能達到最大。

案例 1 Wall-Ye 採葡萄機器人

2012 年，法國葡萄園購買一台機器人，名稱 Wall-Ye，可以不眠不休，一天 24 小時的工作，光一天下來就能修剪 600 株葡萄藤，而且永遠不會請病假。Wall-Ye 負責工作包括修剪葡萄藤、拔除不具生產力的嫩枝，以及蒐集像是土壤、葡萄及葡萄樹幹等活力和健康狀態的重要資料。此外，還可運用追蹤技術、人工智慧以及繪圖能力，行走各葡萄藤間時辨識植物特徵，同步運轉六部攝影機並記錄資料。Wall-Ye 機器人將可解決當地許多葡萄園面臨的缺工問題，也可讓產能大增。

圖片來源：Ubergizmo 官網。http://www.ubergizmo.com/2012/09/wall-ye-v-i-n-robot-does-the-heavy-lifting-in-vineyards/

機器人市場潛力巨大，隨著人力成本的上升和高級技工的缺乏，愈來愈多的企業開始注重設備更新，增加自動化的機器人。如果機器能做的事就讓機器去做，人類應該從事富有創造性的活動。

案例 2 東莞鉅升塑膠電子製品有限公司智能生產線

2008 年初，東莞鉅升塑膠電子製品有限公司還是一家勞動密集型的傳統加工企業，員工多達 3,000 人，直到 2012 年，開始啟動智能生產線，此生產線僅有 1 個機器人，而以往鉅升公司的 7 台數控加工中心 24 小時運作，至少需要 10 個工人，現在只需要 1 個機器人就可以完全取代 10 個工人；再者，根據鉅升公司管理者所說，機器人的啟動智能生產線產能還是一般傳統人工車間的三倍。

圖片來源：東莞鉅升塑膠電子制品有限公司。http://ledlens-asahi.diytrade.com/

② 有效產能：在考慮生產設備定期維護、產品組合、員工上工 / 休息時間、品質因素等限制條件下，工廠或某特定生產設備所能達到的產出率。

③ 實際產能：在實際生產情況下，可能因設備故障停工、員工罷工或停工、物料短缺待料或不良品等因素，使得實際產能小於有效產能。

範例 1

某汽車製造部門在設備以及人工不休息的狀況下，最大製造產能可達到每天 50 輛，扣除生產設備以及員工限制因素，該製造量應可達到每天 40 輛，但實際上該製造部門每天僅能生產 32 輛。請根據上列資訊，劃分設計產能、有效產能以及實際產能各是多少？

解答：設計產能 ＝ 每天 50 輛車
有效產能 ＝ 每天 40 輛車
實際產出 ＝ 每天 32 輛車

產能規劃的重點是企業必須評估未來的顧客需求，並且隨著需求的增加而擴充產能，不過產能的擴充有一定的成本，因此必須權衡產能擴充所產生的成本，與因為產能不足所失掉的市場占有率。

(2) 產能運用程度的衡量

三種產能的衡量，產生下列兩種系統效能：(1) 效率與 (2) 利用率。

① 效率（Efficiency）：指用最少投入獲得最大產出，目的為有效運用資源，以降低成本。

公式：效率的比率 = 實際產出 ÷ 有效產能

② 產能利用率（Capacity Utilization）：則是指廠商實際總產出占總產能的比率。

公式：產能利用率的比率 = 實際產出 ÷ 設計產能

範例 2

某汽車製造部門在設備以及人工不休息的狀況下，最大製造產能可達到每天 50 輛，扣除生產設備以及員工限制因素，該製造量應可達到每天 40 輛，但實際上該製造部門每天僅能生產 32 輛。請根據上列資訊，計算製造部門的效率與產能利用率？

解答：設計產能 ＝ 每天 50 輛車
有效產能 ＝ 每天 40 輛車
實際產出 ＝ 每天 32 輛車
效率＝實際產出 / 有效產能＝每天 32 輛車 / 每天 40 輛車＝ 80%
產能利用率＝實際產出 / 設計產能＝每天 32 輛車 / 每天 50 輛車＝ 64%

2. 廠址規劃

一個企業在決定製造（或服務）的策略與程序後，馬上要面臨在哪裡設立製造工廠或服務位置的問題。廠址規劃的主要目的是要增加產能，以期能滿足未來的顧客需求。

(1) 廠址選擇發生時機，一般有下列幾個因素

① 初次設廠：無論是製造業或者是服務業，總是需要有個地方可以進行製造產品或者提供服務給予消費者，因此，設廠是必須的，且設廠也有其考慮因素，如：運輸因素、勞工因素、水電設施等因素（此部分將在稍後有詳細介紹）。

② 廠房擴充：現有的廠房已經無法負荷生產訂單的量，因此，企業需要另覓他地，營運增添動能。

案例 3 茂林光電科技股份有限公司

圖片來源：茂林光電科技股份有限公司官網。http://www.glthome.com

茂林光電科技股份有限公司為導光板暨模具設計製造廠商，中山廠有 5 條生產線、臺灣 3 條生產線，為站穩市場地位，公司仍會持續擴產，臺灣將新增 1 條，中山廠會增加 2 條，預計新增產線會在 2013 年第二季完成量產，到上半年導光板生產線將會有 11 條，全球導光板市占率將達四分之一。但茂林為滿足 60 吋大尺寸液晶電視訂單需求，提高營運動能，將砸下 18 億元選定新竹科學園區銅鑼基地設立基地，主要是茂林現有中壢廠址無法再擴充，其他科學園區又無法提供足夠的土地。茂林表示，新廠產能預計 2014 年第一季就可以開出，初期先設置 5 條產線，最大擴充到 10 條，屆時投產後產能將會倍增。

③ 市場變化與轉移：唯有廣設「接近各地消費者」的生產據點，才能壓低物流以及運輸費用，提高利潤。

案例 4　現代汽車爭取至印尼設廠

2012 年全國汽車在印尼的總銷售量為 110 萬輛，當中，現代汽車銷量僅占 6,500 輛。印尼現代汽車公司總裁黃〇〇（Jongkie D.Sugiarto）2013 年 2 月 5 日在雅加達接受專訪時說：「現代汽車尚無法與日系汽車競爭的原因之一，是因為現代汽車尚未在東南亞和印尼投資，必須支付高額關稅。其實，若在印尼或東南亞設廠，就可以免繳關稅，售價將相對降低。且在印尼設廠之後，則可以設計迎合印尼國內市場需求的趣味型車款。正因為如此，現代汽車正努力爭取至印尼設廠，往後，就能夠與日系汽車競爭。」

圖片來源：大紀元官網。http://www.epochtimes.com/b5/9/5/20/n2532266.htm

④ 資源枯竭：天然資源通常分為可再生能源和非可再生能源。當某地方的人過度使用或以比其再生速度更快的速度消耗能源時，並致使該地區的天然資源耗盡，此就是所謂的資源枯竭。而企業的生產活動投入資源一旦枯竭，企業便要從其他地方運輸所需的原物料，此時，只會讓生產成本提升，利潤降低。企業為了避免成本提升，通常都會在資源豐富地方設廠。

案例 5　美國蘋果遷廠回國

美國蘋果（Apple）CEO 庫克 2012 宣告要把 MAC 生產線遷回美國，因近年來在美國投資，不管融資成本、用電成本或是土地成本，都比在中國大陸投資要低。且許多企業界也發現到中國製造業的傳統優勢以及便宜的人力資源，2015 年即將消失，也紛紛考慮移廠到東南亞地區。

⑤ 其他因素：據指出主因除了上述的大陸工資持續高漲，再加上在日圓走貶情況下，美國蘋果（Apple）的面板供應商 Japan Display Inc（以下簡稱 JDI）計畫於 2013 年內將中國大陸蘇州工廠的部分產能遷回日本的茂原工廠。

(2) 廠址規劃決策的種類，依其設立廠房的性質，可以分為下列幾類

① 原廠擴充（On-site Expansion）：係指在現有的廠房所在地進行擴建，以達到提升產能的目的。

② 遷廠（Relocation）：係指因成本或者企業政策等因素的考量，而將現有的廠房設備遷移至新的廠址。如，綠電再生股份有限公司臺北廠因租約在 2013 年到期因素，故遷廠至楊梅二廠。

③ 設立新廠（New Location）：企業為了大幅提升產能、更接近消費者或者原物料市場，常會另覓新址以設立新的廠房。

案例 6　Volvo 中古車認證服務

臺灣社會漸走向所謂的 M 型化社會，許多民眾買不起新車，但又想要買到有保障的車，因此，愈來愈多進口汽車總代理投入原廠認證中古車服務。而知名的 Volvo 汽車總代理國際富豪於 2013 年 1 月在新北市新莊、桃園據點正式投入「Volvo SELEKT」原廠認證中古車服務，以嚴格精選及原廠規範的品質檢測提供消費者另一入主 Volvo 的多元化優質選擇。2013 年 4 月在臺北內湖、臺南永康、高雄鳳山三處設立新據點，藉此，擴大市場銷售量，也讓品牌知名度提升。

圖片來源：Auto-Zone 官網。http://autozone.techbang.com/posts/89

廠址規劃是企業重要的長期規劃決策，因為廠址規劃對企業成本有很大的影響。因此，在選擇廠址時，企業通常有幾項考量因素。

(3) 選擇廠址考量因素

① 企業的策略：大陸臺商面臨最普遍的問題是工資大幅上漲。尤其之前在中國，員工罷工一再要求加薪事件頻傳下，不僅勞資關係緊張，更有人民幣將不斷升值的不利因素存在，在大陸生產已不保有長期競爭力，因此，傳出些許臺商開始考慮遷廠到東南亞國家。雖然，臺灣政府企圖以遺產稅降低、改善兩岸關係及簽訂 ECFA 等政策，希望能吸引臺商鮭魚返鄉潮，以帶動經濟發展，但無奈些許臺商認為臺灣人力資源成本過高，暫不考慮回臺設廠。

② 總成本的考量

A. 勞工的成本：由於市場競爭激烈，企業無所不用其極的為了降低薪資成本，選擇將廠址設置於勞力密集的低工資開發中國家，如：柬埔寨、北越等國家。珠寶業者 Tiffany 最近就低調的在柬埔寨設立一座鑽石拋光工廠。且全球最大的太陽眼鏡鏡套生產商比利時公司 Pactics 總裁何頓（Piet Holten）也說，在柬埔寨的生產成本不到中國的三分之一。

B. 原物料成本：為了降低原料成本，企業考慮將廠址設置於原料生產地，以期方便資源的取得。金門，讓人直接的印象反應就是「高粱酒」，由於金門土地乾瘠，只能種植較耐旱特有的旱地高粱作物，配合小麥製麴，取花崗岩下的「寶月泉」，並以坑道窖藏，即成為有名的金門高粱。

C. 採購運輸成本：為了降低運輸成本，企業也常將廠址設置於鄰近目標市場的區域。

案例 7 台灣水泥

台泥水泥廠是位在臺灣花蓮，而主要市場都是在臺灣西部，因此臺灣內需市場都是透過航運運輸，目前台泥在臺總計有 5 艘運載量 2 萬公噸的水泥船，除臺灣市場外，台泥董事長辜〇〇 2013 年在股東會上宣示，今年台泥在中國的布局重點就是「重啟建立中國自有船隊」，建置兩廣地區的內河航運網絡，以降低運輸成本，強化競爭利基。

③ 顧客與供應商之接近程度：愈接近顧客、市場以及供應商，愈能達到降低成本的目的。另外，對服務業而言，形成群聚（Clustering）效應的競爭者鄰近性，也是企業選定廠址的重要影響因素，因為群聚的競爭者會更容易吸引顧客而刺激顧客的消費購買意願；就製造業而言，企業設廠的另一考量則以原物料零件取得快速性的策略思考，其目的在縮短供應時效，提升反應能力及降低營運成本。

④ 競爭者的位址：就製造業廠址來說，與競爭者的相對位置有時並不重要；而在服務業，可能是一個非常重要的因素。服務業企業在進行選址時，必須考慮競爭者的現有位置。在有些情況下，選址時應該避開競爭對手，但在餐飲業商店等情況下，則在競爭者附近設址，可能會有一種「群聚效應」。

⑤ 勞工的品質：勞工品質會直接影響企業營運的效率，因此優良的勞工品質也是影響企業廠址規劃的關鍵因素之一。企業選擇廠址時，常需在勞工生產力與勞工成本之間做取捨；因為廉價的勞工常會因生產力不佳，反而造成企業營運效益不彰，甚至使得利潤減少。此外，勞工的工作態度與文化差異也會間接影響企業的營運效率。

⑥ 政府的貿易與經濟開放：經濟環境的穩定與基礎建設的健全，是企業營運獲利的重要條件。動盪不安的經濟或是缺乏效率的基礎建設，都會造成企業投資的卻步。另外，匯率與貨幣風險也會影響企業的獲利，進而影響企業選擇廠址的意願。

⑦ 社區居民的態度：社區居民若對於企業的設廠採取強烈抗爭，當企業無法與居民達成良好的溝通時，恐怕往後會造成工廠營運上有所困難。

⑧ 人民環境保護的意識抬頭：許多環保人士均深感於臺灣以往的經濟奇蹟是建立在汙染環境的基礎上，這些年來，臺灣人開始感受到創造經濟奇蹟的副作用，因此，近年來臺灣人民環保意識的抬頭，再加上，由於二氧化碳、汙染問題所帶來的溫室效應，人們已相當重視能源使用以及環境破壞、汙染等問題。假若企業設廠時，並沒有重視宣導企業未來如何去推行及實踐當地環境保護政策與方法，恐會因人民的不安心，導致抗爭不斷，而引發遷廠之議。

案例 8　美麗灣渡假村飯店

2005 年，臺東縣政府將杉原海水浴場以 BOT 方式，出租給飯店業者來興建美麗灣渡假村飯店，希望能帶動經濟發展與地方就業，並且由飯店進行海灘的養護工作，也可為政府成本節流。開發過程中，環保團體認為美麗灣飯店刻意迴避環評程序，經過抗議與行政院糾正後，美麗灣飯店才開始補做環評，再者，環境保護團體一直抗爭臺東美麗灣飯店蓋在沙灘上，飯店的興建或者營運將來可能對於環境影響有許多實質問題，因此引發環保團體多次抗議行動。

⑨ 政治與法律的危險程度：政治與法律風險是影響企業是否選定廠址的首要考量之一。行賄或貪腐會導致投資環境惡化與經濟效益不彰，只有穩定的政治環境與公正的法律保障，才能吸引企業投資的青睞眼光。五十多年來，緬甸一直由軍人執政，即使緬甸資源豐富，民風純樸，勞工薪資比鄰國相對較低，土地使用期限長，再加上這幾年因為改革派翁山蘇姬推動民主改革，緬甸對外改採開放政策，讓國際對緬甸出現一絲的投資希望，但目前政局不穩，企業會擔心緬甸再次鎖國，收緊經濟政策，因此企業投資肯定會大受影響。

⑩ 治安的考量：柬埔寨目前已是東協（ASEAN）的會員之一，但近年來由於柬國國內政局不穩、治安惡化，且柬埔寨投資環境近年一直未見好轉，再加上貪汙嚴重腐敗，辦事效率低落，均是導致外商裹足不前的主要原因。

(4) 設施選址的方法

① 線性規劃法：在若干個方案中，選定一個目標方案，他可以使總成本（貨物、人或其他）移動的距離最小。當與市場的接近程度等因素至關重要時，使用這一方法可從眾多候選方案中，快速篩選出最有吸引力的方案。這一方法也可在設施布置中使用。

工廠	生產能力（噸 / 年）	至各倉庫運費成本（元 / 噸）			
		倉庫 A	倉庫 B	候選倉庫 C	候選倉庫 D
甲	1,000	2	5	4	5
乙	2,000	3	3	2	2

例如，假設企業目前有兩家工廠，已有倉庫 A 以及倉庫 B，倉庫是用來存放工廠生產出的產品，以便隨時供應市場所需，每個倉庫每個月供應 900 噸，但容積率不足，因此想擴充一個倉庫所在地，目前則有候選倉庫 C 以及倉庫 D 可以選擇。

為了計算方便，兩個候選倉庫分別計算。首先，假設企業選定倉庫 C，用運輸成本來作為計算，如下表所示。每個月運輸成本為 $900 \times 2 + 900 \times 3 + 100 \times 4 + 800 \times 2 = 6,500$

工廠	倉庫 A		倉庫 B		候選倉庫 C		虛擬
甲 1,000	900	2		5	100	4	
乙 2,000		3	900	3	800	2	300
需求	900		900		900		

用同樣的方法，假設企業選定倉庫 D，其每個月運輸成本為 $900 \times 2 + 900 \times 3 + 900 \times 2 = 6,300$

工廠	倉庫 A		倉庫 B		候選倉庫 D		虛擬
甲 1,000	900	2		5		5	100
乙 2,000		3	900	3	900	2	200
需求							

比較候選倉庫 C 以及倉庫 D，選擇倉庫 D 比較好。

② 因素評分法：因素評分法在常用的選址方法中，也許是使用得最廣泛的一種，因為它以簡單易懂的模式將各種不同因素綜合起來。運用因素評分法計算過程中，由於確定權數和等級得分完全靠人的主觀判斷，只要判斷有誤差就會影響評分數值，最後影響決策的可能性。

例如，已知甲、乙兩個方案均能滿足廠址選擇的各項要求，但有四個難以量化的因素，具體資料如下所示。

選址因素	最高分數	廠址方案	
		甲	乙
競爭者位址	300	250	200
勞工的品質	150	100	110
社區居民的態度	250	200	250
顧客與供應商之接近程度	300	250	230
合計	1,000	800	790

經專家分析後，廠址甲的分數 800 高於廠址乙的分數 790，因此可以優先選擇廠址甲方案。

③ 盈虧分析法：盈虧分析法是廠房選址的一種基本方法，亦稱生產成本比較分析法。這種方法基於以下假設：可供選擇的各個方案均能滿足廠址選擇的基本要求，但各方案的投資額不同，投產以後原材料、燃料、動力等變動成本不同。這時，可利用損益平衡分析法的原理，以投產後生產成本的高低作為比較的標準。

例如，已知甲、乙兩個方案均能滿足廠址選擇的各項要求，但兩個方案的投資不同，建成投產後每年發生的固定費用總額不同，單件產品的變動費用也不同，具體資料如下所示。

方案	固定費用（元 / 年）	生產量（件 / 年）	變動費用（元/單位）	單價	損益平衡點
甲	150,000	100,000	10	11.5	100,000
乙	200,000	100,000	12.95	11.5	130,000

經計算分析，甲方案投資額低，因而年固定費用發生額也較低，且每單位產品

變動費用較低，當年產量大於 100,000 件時，則甲方案明顯優於乙方案；而當年產量低於 100,000 件時，則無論甲方案還是乙方案，均發生虧損。因此，兩個方案都不理想，應另找其他可行方案。

④ 重心法：重心法是一種布置單個設施的方法，這種方法要考慮現有設施之間的距離和要運輸的貨物量。它經常用於中間倉庫或分銷倉庫的選擇。在最簡單的情況下，這種方法假設運入和運出成本是相等的，而商品運輸量是影響商品運輸費用的主要因素，因此，倉庫盡可能接近運量較大的網點，從而使較大的商品運量走相對較短的路程，就是求出本地區實際商品運量的重心所在位置。此方法，並未考慮在不滿載的情況下增加的特殊運輸費用。

3. 廠房布置規劃

所謂「廠房布置」其目的在於對廠房的生產設備、人力等資源，希望能夠作經濟有效、順暢的安置排列，並對物料之搬運、儲存，以及所有輔助工作或勞務之空間能夠實施周全之計畫與布置，期望對生產流程更加順暢進行及生產績效有所助益與提升。

(1) 工廠布置達到之目標

① 使生產流程順暢。

② 減少原物料處理時間。

③ 讓在製品週轉率提升。

④ 減少機械設備之投資。

⑤ 有效利用空間。

⑥ 有效利用人力。

⑦ 提供舒適、方便且安全之工作環境。

廠房布置若未經事先謹慎設計與規劃，則其生產力可能會因廠內物料搬運交叉迂迴，反而浪費人力、物力，以致造成生產流程產生擁塞現象，致使生產效率低落，增加成本。

(2) 工廠布置之時機

① 部門擴大或縮減時。

② 增加新產品時。

③ 工作部門遷移、擴充或縮減時。

④ 改變生產方法或方式時，配合成本降低方案。

(3) 一般廠房布置類型

① 程序布置（Process Layout）或稱功能式布置，係將相同或類似功能、程序的機器設備集中於同一區域，功能式布置大多使用於訂單式生產、變化大或計畫性生產方式。

表 3-1　程序布置的優、點缺

程序布置	
優點	缺點
• 通常採泛用型機器，投資較少。 • 能適應產品規格之變化，或製程之變更。 • 可應付特殊需求。 • 人員可從工作中吸取經驗。 • 當部分機器故障或人員暫時離線，對整體之生產活動影響不大。	• 人力需求較大、技術需求較高。 • 物料搬運頻繁。 • 生產控制及協調性較差。 • 在製品存量較高。 • 製程處理時間較長。 • 品質變異較大。

② 產品式布置：又稱為生產線布置或直線式布置（Layout by Line Production），係按照產品生產製造過程順序所安排的布置方式，用以達成系統中大量產品或顧客順暢與快速的流動，其適合於生產高度標準化的產品或服務、連續性的製程、大量生產的工廠。

表 3-2　產品式布置的優、點缺

產品式布置	
優點	缺點
• 減少物料搬運，搬運成本很低，且因為產品作業順序相同，故可簡化物料搬運作業。 • 容易使員工專業化，減少訓練成本與時間，並使監督幅度變寬。 • 生產控制容易。 • 產品或服務有高度標準化，產出率高。	• 通常採用專用設備，投資成本較大。 • 需求量減少時，設備容易閒置。 • 工作性質重複性高且單調，容易影響工作人員之情緒和士氣。 • 易受人員或機器單一事件，而影響整體生產活動。

③ 固定式布置：將主產品材料置於固定場所，保持固定不動，而人員、機器設備、工具、物料或其他材料、零組件，依作業需要移至該處進行生產作業，直至作業於同一位置完成。此布置方式是因為產品的重量極重、體積龐大，或其他因素，讓產品不可能或很困難移動 。

表 3-3　固定式布置的優、點缺

固定式布置	
優點	缺點
• 主件之搬運成本低。 • 工作時程與產品設計，可保有高度之彈性。 • 技術人員在一固定地點完成工作，產品的生產管制與品質問題可有專人負責。 • 可避免連續生產，停工待料或機具故障所產生的延滯。 • 工作人員的技術層次較高，且工作品質較易評定，可激勵員工的士氣。	• 常因作業現場的場地限制，物料與機具可能缺乏儲存空間，或者儲存空間不足，使用時可能不易找到，導致生產效率低落。 • 由於大型專案的活動多樣化及需要的技術廣泛，所以一些支援的貴重設備可能無法充分利用。 • 要特別考慮往返工作地點與物料來源地，因為人員、物料、機具的移動成本較貴。

④ 群組布置：目標是追求製造彈性，將全部產品依照設計屬性或工作件，依其形狀、尺寸或者是將具有相似製程特性的項目者予以適當分類，此布置方式適用的產品種類很多、批量不大。

表 3-4　群組布置的優、點缺

群組布置	
優點	缺點
• 生產力大幅提升。 • 減少排程作業的時間。 • 減少文書作業。 • 減少設定標準作業時間。 • 減少機具設備故障。 • 降低在製品存貨。 • 減少在製品搬運次數。 • 減少製程前置時間。 • 降低成品存貨和降低總生產成本。	• 在製品堆積很多 • 工作枯燥。 • 當零件的外形無法明確辨識時，不易做正確的分類。

4. 品質規劃

企業若要持續成長和獲利，所生產出的產品或服務的機能或特性，能夠持續符合或超過顧客期望的能力是關鍵，也是必要的堅持。為了達到產品或者服務品質，企業須先決定品質政策、目標與責任，然後在其品質系統內，實施品質規劃、品質保證及品質改善等整體管理功能所有活動而言，此為所謂品質管理（Quality Management）。由上述可知，品質規劃（Quality Planning）係屬於品質管理的一部分，它著重於設計產品或服務品質目標與選擇適用的作業程序、實施方式以及準備作業過程所需的必要資源，使其能夠運作，以達成品質目標。

（二）作業排程

是對於已決定如何進行的工作，定出其所需各項生產資源（如人力、設備以及廠房設施）的取得與運用所制定的時間表；換言之，針對產品在生產前，預先做製造時間的安排，規劃該產品的開工及完工時間，使產品能在一定期間內完成，趕上交貨期限，並減少資金積壓成本。

1. 一般時程安排的方法

(1) 順推排程法（Forward Scheduling）

指在接到訂單後，由開始生產日期順推可以交貨的時間，此方法適用於交貨（或服務）期限短或作業程序較單純之企業。以下圖為例，專案可分為六個活動，但每個活動之間也有關聯性（先後順序），須先將整個專案完成順序安排好，再計算繼續完成整個專案所要的時間多寡。

活動	前置活動	活動執行須要的工作天
A	-	3
B	-	8
C	A	7
D	G	3
F	C	9
G	B、C	5

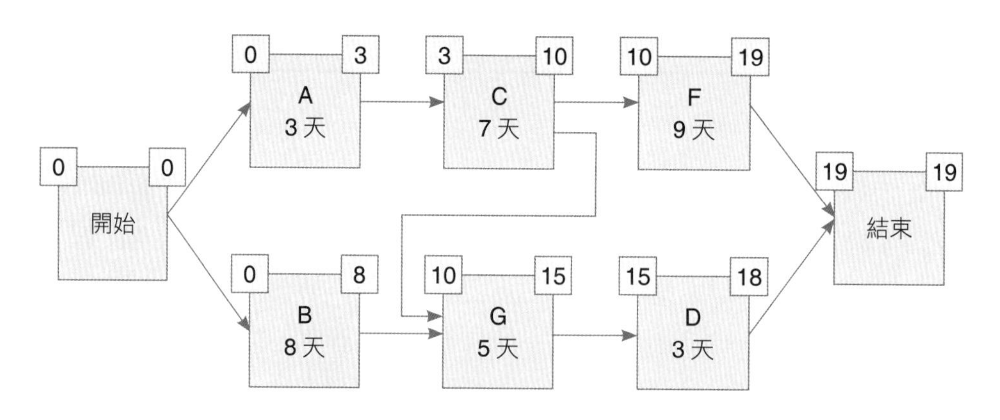

圖 3-3　專案活動日期順推法

(2) 回溯排程法（Backward Scheduling）

由交貨時間回溯應該最晚開始生產的日期，此方法適用於裝配型態之企業。利用上述相同案例，假設下游供應商給企業十九天交貨期，請問本專案活動何時可以開始進行製作？

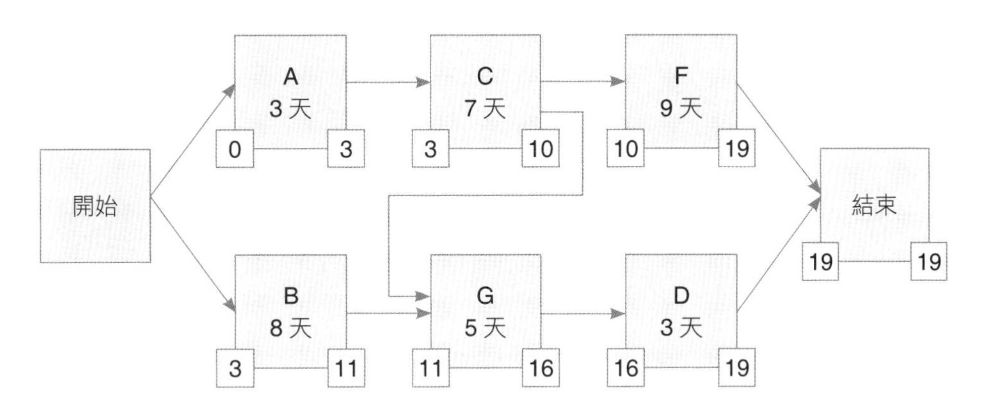

圖 3-4　專案活動日期回溯法

2. 常用的作業排程工具（甘特圖與 PERT 圖）

(1) 甘特圖

是在 1917 年由亨利 ‧ 甘特開發的，是一條線條圖，橫軸表示時間，縱軸表示活動（項目），線條表示在整個期間上活動計畫和實際進度的完成情況。它直觀地表明任務計畫在什麼時候進行，及實際進展與計畫要求的對比。管理人員可藉由甘特圖迅速瞭解整個生產過程中各項活動的狀況。下列圖表呈現年輕人購買摩托車的程序甘特圖。

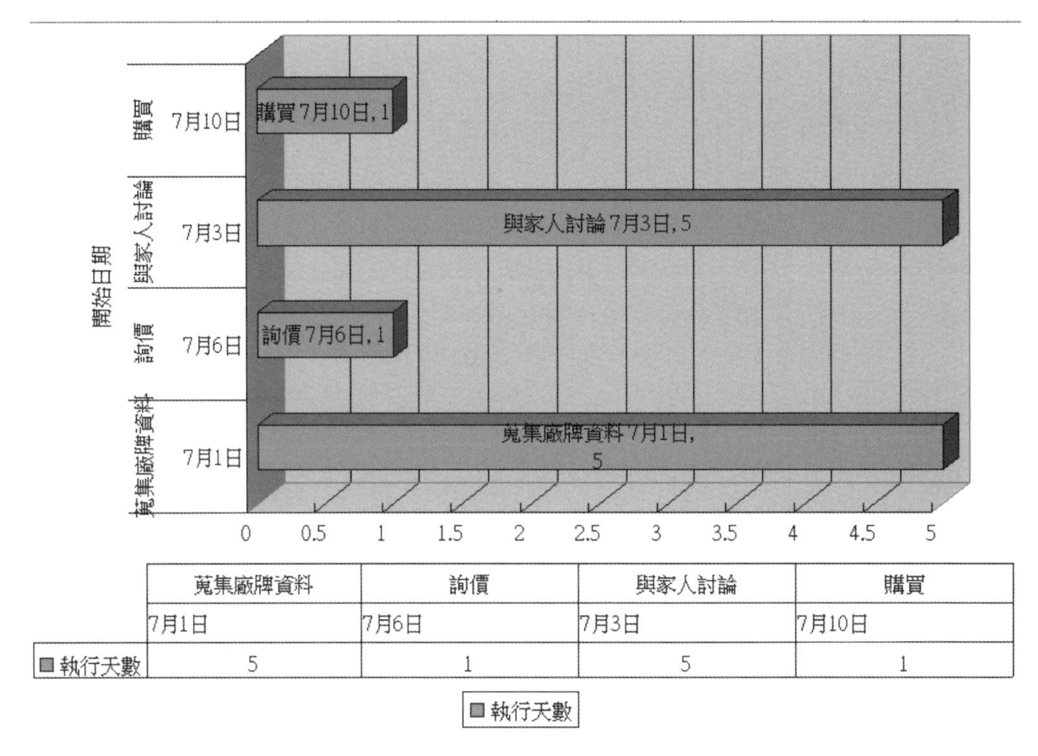

圖 3-5 年輕人購買摩托車的決策程序甘特圖

(2) PERT 圖

計畫評核術（Program Evaluation and Review Technique, PERT）是一種網絡分析的技術，首先要決定整個計畫或專案所包括的各項活動和活動的先後順序，再估計各項活動所需的時間或成本，然後，再以一個網絡圖畫出整個計畫或專案的所有活動的流程和活動的關係。以下圖為例，專案可分為六個活動，但每個活動之間也有關聯性（先後順序），須先將整個專案完成順序安排好，再計算繼續完成整個專案所要的時間多寡。

活動	前置活動	活動執行須要的工作天
A	-	3
B	-	8
C	A	7
D	G	3
F	C	9
G	B、C	5

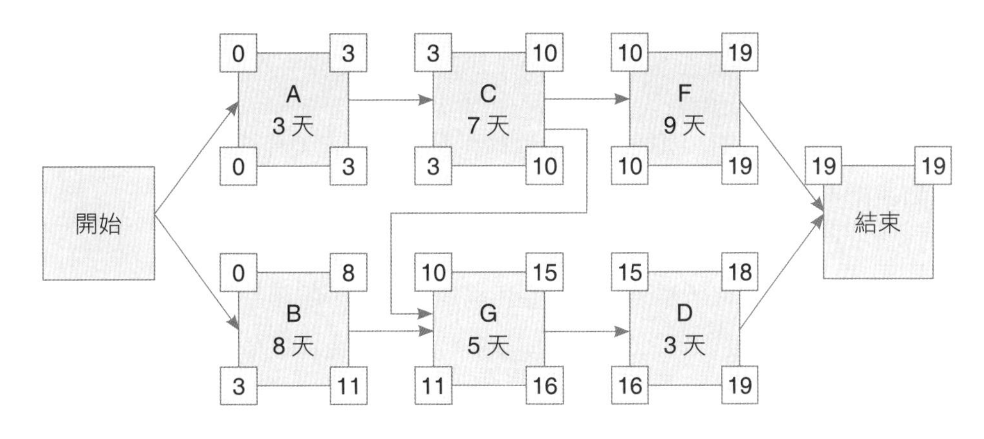

圖 3-6 PERT 圖

PERT 圖是被使用來描述專案間任務互相依賴的圖形網絡模型；而甘特圖則被使用來描述專案工作在日程表上進行的長條圖。

（三）作業控制

作業控制是指如何維持生產程序的監控來達成生產成本的降低，並能在所設定的時間內來產出所設定的生產數量。常用的作業控制工具，包括即時存貨系統與物料需求規劃。

1. 即時存貨系統（Just-in-time, JIT）的基本觀念

是「只在有需要的時候，生產需要數量的產品」，而「看板」則是為了實現 JIT 所使用的工具。一旦工廠接到生產訂單後，管理負責人就要向各工作站下達生產指令，並在看板上詳細記載產品生產流程與製程，且讓後方的工作站向前一工作站下達指令，告知所需要的生產數量，並要求即時送達至下一個工作站，以便快速完成加工或裝配；換言之，「沒有看板不能生產，也不能運送」，基本上也就是以看板來決定產量，而非事先就備料儲存。JIT 主要在於消除浪費，由這個角度來看，搬運的動作、機器整備、存貨、不良品的重新加工等都被視為浪費。消除浪費的七個方法包含：

(1) 專業工廠的網路

使用小型專業的工廠比大型垂直整合生產的工廠還好。

(2) 群組技術

群組技術是製造一個零件需要的所有作業，使這些機器群組一起，來代替工作要在不同部門的專業員工間的轉移。使用群組技術可以消除不同作業間的搬運及等候時間，降低庫存及員工數。

(3) 源頭的品質

期望第一次就作對，如當某事發生錯誤時立即停止製程或裝配線，可避免錯誤到最後才被察覺，而浪費後製程的成本。

(4) 及時生產

及時生產是指當有所需要時，生產所需的東西而不超額生產。

(5) 穩定的生產負荷

平準化生產以減緩對排程變動反應所產生的波動，稱為穩定的生產負荷。

(6) 看板生產管制系統

看板生產管制系統使用一種看板訊號裝置（kanban），由生產線的最後一個工作站向前製程工作站來傳送生產資訊，以控制及時生產系統流量。

(7) 最小的整備時間

因為採取小批量生產，機器設定必須儘快完成來達成，等候的時間亦相對的減少了。為了縮短整備時間，將機器設定的種類區分為二：內部整備必須在機器停止運轉時執行，而外部整備可在機器運轉時執行。

2. 物料需求規劃

及時生產系統強調的是零存貨，認為存貨是不必要的，要盡可能的減少；而物料需求規則（MRP）系統中則根據訂單，由前製程工作站按生產計畫，對後製程工作站提供零組件或在製品，為確保生產過程中機器的正常運轉，著重於每個工作站原物料安全存量或在製品（WIP）的控制，使得前後機器的互相影響可以降至最低，以解決製造生產不穩定所帶來的問題。因此，物料需求規劃須根據主生產排程（MPS）、物料清單檔（BOM）及存貨紀錄檔，來計算轉換成組合該產品之各種零組件或材料的需求量。

範例 3

假設老林水餃店收到一件訂單，數量為 1,000 顆水餃。根據下列水餃的 BOM，計算出其每階段的材料需求量以及時間點。

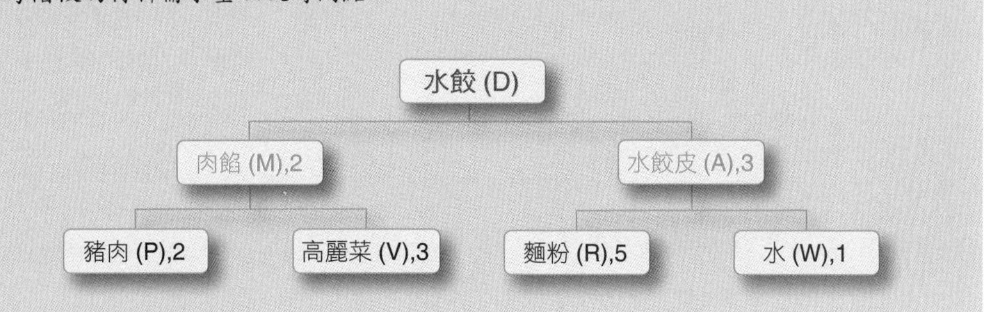

解答：各階段完成時間如下：

D	2 小時	P	3 小時
M	1 小時	V	2 小時
A	4 小時	R	2 小時
		W	1 小時

經過計算後，最終的物料需求計畫如下：

物料	需求量
D	=1,000
M	=2D=2,000
A	=3D=3,000
P	=2M=4,000
V	=3M=6,000
R	=5A=15,000
W	=1A=3,000

活動	前置時間	時間	小時								
			1	2	3	4	5	6	7	8	9
D	2	交單時間									○
		下單時間							○		
M	1	交單時間							○		
		下單時間						○			
A	4	交單時間							○		
		下單時間			○						
P	3	交單時間						○			
		下單時間			○						
V	2	交單時間						○			
		下單時間				○					
R	2	交單時間			○						
		下單時間	○								
W	1	交單時間			○						
		下單時間		○							

3. 品質管理

無論行業別為何，現今企業都意識到提供具有相當品質水準的產品和服務，以滿足客戶期望是相當重要的，而這些概念就是所謂的品質管理。品質管理一剛開始是針對實體產品進行的品質檢查，畢竟，不良品質的產品，輕者可能導致產品重製、增加製造成本，重者可能損害到企業的商譽。因此，在二十世紀初，出現了第一張「管制圖」（Control Chart）。管制圖圖形包含三條主要的水平線，分別為：

中心線（central line）：代表製程在管制狀態下產品品質特性的平均值。

上管制線（upper control line）：平均值 ＋ 1~3 標準差。

下管制線（lower control line）：平均值 － 1~3 標準差。

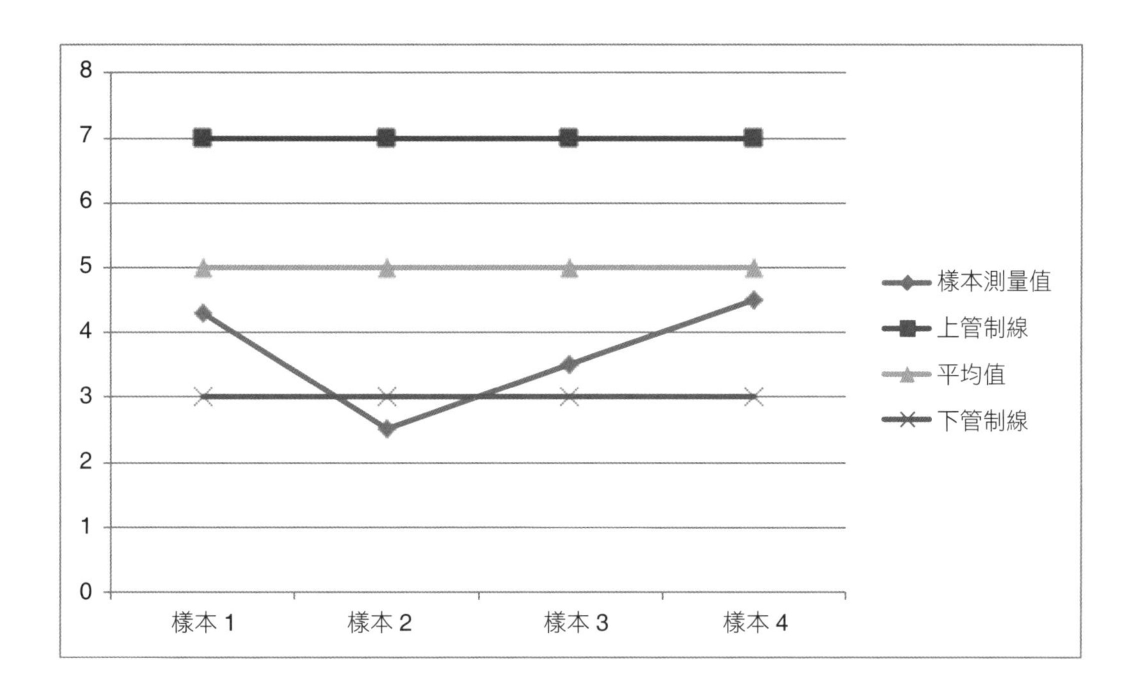

正常情況下，製造出的產品品質皆會落在管制上下線之間，這是可以允許的範圍內；但若有樣本品質高於上管制線或者低於下管制線，如上圖中的樣本 2，此就可以由管制圖發現產品出現異常，此時，品管人員則要去推估到底是生產流程有問題、或是原物料等問題。試圖找出問題點，進而去解決方案，以確保產品品質。

一般而言，管制圖可以帶來以下的益處：

(1) 降低生產成本

(2) 提高產品品質

(3) 縮短交貨時間

(4) 增加銷售數量

(5) 提升公司形像

而後，全面品質管制（Total Quality Control, TQC）主張延燒至今，此概念則從生產製造部分，擴大到全企業，包括在非生產部門，無論是基層員工，甚至到高階主管，皆須要把事情做好才能達到無缺點。換言之，全面品質管制不僅是提升作業過程與產品品質，亦即從產品市場需求調查、產品開發、設計、生產製造、包裝及運送，至產品送至顧客手中及售後服務等過程皆重視品質，使產品符合顧客現在與未來的需求。

所謂「好事不出門，壞事傳千里」，不好的服務品質或者是產品不具備顧客需要的功能，則會給顧客留下不好的產品品質印象，且此印象會在顧客間口耳相傳，造成企業銷售量下滑，甚至影響到企業商譽，若企業要永續經營，可能還要花費大量成本來挽救商譽。因此，透過一個完善的品質管理活動及流程，雖然會提升預防產品出錯的成本，但卻可以使企業後續的品質成本由 20% 降至 2.5%，如重工、重製等成本。

第三節　服務業管理

服務本身是一種流程，而流程中包含環環相扣的步驟，只有把每個步驟做好，才能為顧客提供優質服務與創造價值。服務業的整體作業管理包含了三大部分：服務供需管理、等候線管理以及服務後勤管理。

➢一、服務供需管理

由於服務業提供的產能是無法儲存性，因此，服務產能受限制，致使服務需求與產能供給之間會產生落差。當服務產能小於服務需求時，即為超額需求；反之，當服務產能大於服務需求量，則為產能過剩。不管是超額需求或產能過剩情況，在服務業都非常普遍，主要原因是因服務產能受限制，以及服務需求產生波動。

服務產能會受到限制的因素有：

（一）無法儲存性

服務人員體力有限，只能在一定時間內提供服務，其體力是無法儲存到下一時間來使用。

（二）人力的充沛程度

人力有限，而限制服務產能。

（三）服務設施的多寡與承載量

企業設備資源數量有限，再加上服務設備是有其承載量限制，會限制其服務產能。

➢ 二、等候線管理

無論是哪種服務業，等候線在服務流程中相當常見。若等候有過度延誤，顧客可能煩躁焦慮，並心生不滿，顧客的滿意度可能滑落，而企業也有可能因此失去顧客，更嚴重者可能損失信譽。即使顧客願意等候，等候線太過擁擠也可能會干擾其他作業，讓服務效率下滑。

等候無法增加顧客的快樂，也不會為企業帶來任何收益；換句話說，這些等候線對企業而言是毫無附加價值可言。一般常見的等候線，有下列三種：

（一）多重等候線

是指服務體系設置多個服務窗口，每個窗口都有各自獨立的等候線。

1. 優點在於區分服務及員工分工。
2. 缺點在於容易造成顧客的焦慮。

（二）單一等候線

是指服務體系設置一個或多個服務窗口，但僅有一條共享的等候線。

1. 優點在於公平性與顧客安全。
2. 缺點在於顧客的逃逸可能性較高，企業比較無法留住顧客。

（三）抽號碼牌

指顧客到達服務體系時，便領取一個號碼，代表在等候線上的順序。

1. 優點在於不用形成實體的等候線，顧客可以到處走動或暫時離開處理其他事情。
2. 缺點在於顧客會有錯失時機的心理壓力。

服務業與製造業相同，因此企業建立有效率的作業流程來因應顧客等候，若作業流程設計不良，會導致顧客等候多時，也會造成企業內部控管混亂，產生服務品質降低。

案例 9 陽明山竹子湖白斬雞

2013 年 6 月分，臺灣黃姓民眾投訴媒體，攜家帶眷到陽明山竹子湖，一家專賣白斬雞餐廳用餐，從中午 12 點拿號碼牌等候位，也先填菜單點兩隻白斬雞，等到下午 3 點，老闆才告訴他們，內用一桌只能點半隻，讓這 15 個人專程來用餐，卻只能吃半隻，覺得根本是白等，當場爆發激烈口角衝突。

當顧客不滿時，往往會讓企業付出相當大的代價，因此良好作業排程設計以及良好適當的排隊機制，則可改善顧客等候的負擔，一般常見的機制如下：

（一）建立預約制度

可預知顧客何時、有多少人會上門，並可視需要加派人力或調整服務設備，可降低顧客到訪前的不確定性和現場等待的時間浪費；另外，可利用預約制度引導顧客早點或晚點來，拉長尖峰時段，儘量滿足所有想來光顧的顧客。

（二）區隔等候的顧客

在某些情況下，應該優先服務某些顧客；以醫院急診室而言，從 2010 年起，衛生署全面實施建立「急診分級制」，急診共分為五級檢傷分類標準，分成復甦急救、危急、緊急、次緊急、非緊急等五個等級，因此，前往急診看診的病患不再是先到先看診，而是以病情的嚴重度來決定看診的次序。

（三）縮短等候知覺時間

顧客實際的等待時間是一固定數值，所感覺到的等候時間常常比實際的長，即實際時間≠知覺時間。不過知覺時間卻可以延長或縮短，好的等待環境可以縮短等待的知覺，因此，企業應該對等待環境之安排要有所重視，例如可以播放輕音樂，放鬆顧客心情，以降低其負面情緒以及其負面等待評價。

➢三、服務後勤管理

近年來有人將「後勤活動（Logistics Activities）」一詞替代物流，事實上兩者意義並不盡相同。根據美國後勤管理協會（Council Of Logistics Management, CLM）的定義，認為後勤學是一項針對效率、成本效用與原料、在製品、存貨、成品及從起點至消費點間相關資訊之規劃、執行與控制程序，其目的在於滿足消費者需求。總結，後勤學目的在於完成物料、人員、設備、服務之採購、倉儲、維修與遞送任務，因此，服務業最重視的就是人員以及設備管理的重要工作。

（一）服務人員排班考慮因素

在服務業中，服務人員和服務本身很難分離，代表公司與顧客直接接觸的就屬第一線服務人員，第一線服務人員足以影響企業服務品質和企業形象。因此，從企業的觀點而言，服務人員的服務水準和服務方式，乃企業與競爭者表現出服務差異化與企業競爭優勢的重要來源，第一線員工可謂為企業品牌的代表，也是服務業產品的核心部分。既知服務人員的重要性，企業要如何能獲取有能力且有意願提供高品質服務的人員，有三大步驟：

1. 僱用對的人員。
2. 藉由員工訓練，並且適當的授權賦予服務人員的處理能力。
3. 激勵這些人員。

有了對的服務人員，好的服務品質，接下來，就是如何在對的時間、對的地點，將對的人員送到顧客面前。管理者可以透過所謂的排班及勤務的調派，瞭解服務點之人員出缺勤狀況，提升人員調度的機動性，有效運用人力降低後勤管理的成本，期以共同發揮服務的軟實力。一般來說，服務人員排班設計的形式，包含：

1. 固定排班

有固定的時間上班。

2. 輪班排班

(1) 不固定的輪班工作：例如三天上正常班、兩天上小夜班、兩天上大夜班的排班制輪班。

(2) 固定為夜班工作者：例如便利商店的大夜班店員。

3. 跳動排班

可能今天早上有班，下午沒有班，但是晚上又有排班；但假日或者重大節慶則可能因為人潮多，企業需要許多人力支援，此時就會要上班等。

4. 交錯排班

例如，如果要排保全的班表，設定條件為「一班2小時」，且排班的技巧要注意「交錯」，請勿有人要輪班一次 4 小時。這就是所謂的交錯排班。

5. 混合排班

根據人員的心理狀態、生理狀態、企業人力需求量來安排班表。

（二）服務存貨之定義

服務是無法進行儲存，具消逝性，也就是說即使服務人員今天的體力尚未耗盡，也無法留存到明日使用，因此，企業在安排服務人員或者服務存貨時則要相當注意。服務業通常會考量到存貨控制系統，何時訂購，而且需要訂購多少數量，才能達到服務效益。

1.ABC 分析

依據 80-20 定律，一般企業 80% 的銷售額來自 20% 的產品，因此 ABC 分類法一般是將產品（市場、顧客）分成三類，以便進行重點式管理，降低存貨，增進管理績效。

產品類別	存貨品項	銷售金額	存貨量	建議管理方式
A	少	大	高	定期訂貨方式
B	中	中	中	定量訂貨方式
C	多	少	少	複倉制或定量訂貨方式

有些存貨項目本身價值不高，但對於生產或銷貨是不可或缺的，則此類存貨應歸入 A 級，以免因缺貨導致失去顧客或生產停頓。

2. 服務業 JIT 存貨採購管理

JIT 則著重於產品庫存的排程，以及針對需要的地點與時間，需提供所需的服務資源。相同的觀念放在服務業上，因服務業最需要注重的就是服務品質，尤其每天開門做生意的服務業，客訴的抱怨是常有的事情，當顧客與服務人員或者企業流程有所衝突時，企業必須第一時間出面解決顧客不滿，以追求對每一位顧客提供更高品質的服務，由此可知，服務業的焦點常放在提供服務所需要的時間，因為速度通常是在服務業中獲勝的最主要因素。服務業能從 JIT 方法獲得的優點如下：

(1) 成立品管圈：品管圈活動是由日本石川馨博士所創，經由同一工作場所的企業人員們自動自發組成數人一圈的小圈團體（一般約 5~10 人左右），隨時監督工作環境的整潔度、確認必備的物品才能留在工作場所，除此之外，還要發掘問題，一同解決工作現場、管理等方面所發生的問題。

(2) 排班彈性：企業在進行人員或者設備排班事宜，必須去考量到人潮時機，當假日或者國定假日時，就可以利用彈性排班制度來進行服務效益最大化。

(3) 減少整備時間和處理時間：臺灣汽車旅館培訓一組人可更快速的清掃房間，以五星級飯店的規定來做比較，五星級飯店一個房間打掃時間為 40 分鐘，汽車旅館則以 2 至 3 人為一組編制以平行作業的方式，在更短的時間內就能完成。麥當勞為了提高服務效能，也提出了由開進（drive-in）改為得來速（drive-through）通道，減少顧客在櫃檯的等候時間。

(4) 減少浪費，使在製品最小化：就如麥當勞店內所有保溫槽上的產品超過 10 分鐘未賣出，就必須下架進行丟棄，為了避免浪費食材，北區麥當勞目前都採現點現做的方式，凡是出了櫃檯的東西一律不回收，不管是醬包或是餐點，如此一來，即可使在製品最小化。某些服務業仍然持有存貨（如美髮業有染髮劑、洗髮劑等存貨），因此減少存貨是 JIT 可以應用在服務業中的另一個面向。

(5) 建立 SOP，簡化流程：徹底瞭解作業流程，儘量做到簡化繁雜的流程，如在麥當勞不叫 SOP，而是稱為 SOC（Station Observation Checklist，工作站觀察檢查表），依每個工作站（例如廚房分為漢堡區、薯條區和炸雞區三個工作站）的分工和工作流程步驟，製作不同檢核表，因此無論是兼職人員或者是計時人員，都能夠提供相同的餐飲經驗，也就是能保證第一次生產的就是一致性的產品或服務。

課後探討：連鎖咖啡店全天烘豆 被嫌臭焦味

某知名咖啡店，位在臺北市中正區廣州街上，採半開放的店面空間，一袋袋的咖啡豆及烘豆設備就陳設在門口，每天上午九點至下午四點，不同時段都有店員現場烘焙咖啡豆，由於該店偏向重度烘焙，咖啡香氣確實較濃，因此，路過約三十公尺內都能聞得到濃郁咖啡香。

而投訴的隔壁飲料店說，在地開店三十年，自己也有喝咖啡的習慣，但該咖啡店烘豆氣味太過濃郁、太過刺鼻，聞久了，氣管都不太舒服。一年來持續與隔壁咖啡店溝通，望其改善。

請問：若您是該知名咖啡店管理者，您在選址上或者在作業排程上該注意哪些事項，以避免相關事件發生呢？

第四章

行銷管理

MANAGEMENT
企業管理概論與實務
THEORY AND PRACTICE

第一節　現代行銷管理新觀念

根據美國行銷協會（American Marketing Association, AMA）的說法，行銷是企業管理的五大職能之一，其主要任務是創造、推廣及傳送商品與服務價值給消費者，並經營管理顧客關係的一套過程，使組織和其利害關係人都能獲益的一種組織功能與程序。簡言之，行銷的真正意義是指透過設計、規劃、執行與控制有關行銷方案，進行產品或服務交換或者市場交易過程，以滿足顧客或群體欲望和需要，並達成企業追求利潤目標的過程。

行銷管理程序可分為四大步驟：

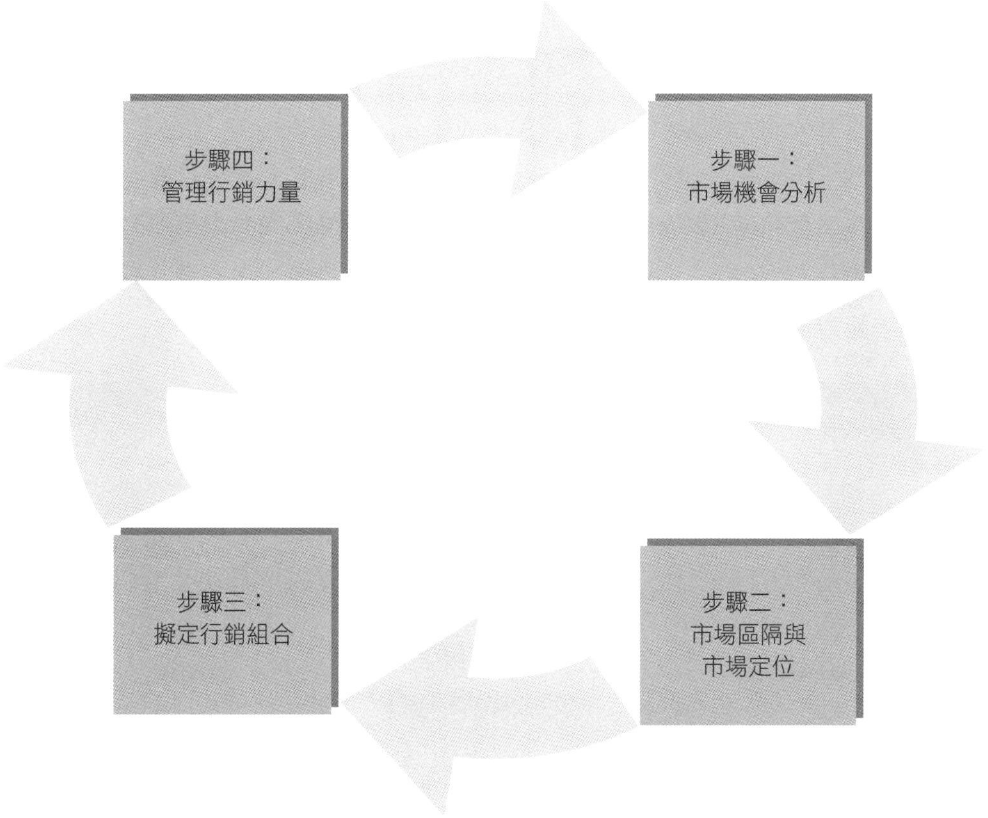

步驟一：
市場機會分析

步驟二：
市場區隔與
市場定位

步驟三：
擬定行銷組合

步驟四：
管理行銷力量

圖 4-1　行銷管理程序

第二節　市場機會分析

何謂市場機會，指的就是市場上尚且存在未完全滿足消費者需求的產品或者服務。對企業而言，若能有效地抓住消費者內心真正需求，創造出消費者要的物品或者服務，此企業就能在競爭市場環境中搶得一席之位，為了達到此目的，企業的市場調查人員就需要瞭解市場機會的類型和特性，以及利用分析出某些有利的市場機會，組織和配置企業資源，快速且有效地提供相應產品或服務給予消費者。

一般而言，市場機會分析可分為企業外部分析以及企業內部分析兩部分。

➢ 一、市場外部分析

可以利用五力分析來進行企業市場機會分析，也就是瞭解企業面臨的市場外部分析。

五力分析模型是邁克爾 ‧ 波特（Michael Porter）於 80 年代初提出，用以評估及瞭解企業在產業中的定位以及其競爭優勢，並依公司的優、劣勢分析企業所處的競爭地位，有效的分析企業的競爭環境，並據以擬定策略與方案。此分析模型將五種不同的因素彙集在一個簡便的模型中，此五種力量分別是：供應商的議價能力、購買者的議價能力、潛在競爭者進入的能力與威脅、替代品的替代能力與威脅、行業內現有競爭者的競爭能力。如下圖所示：

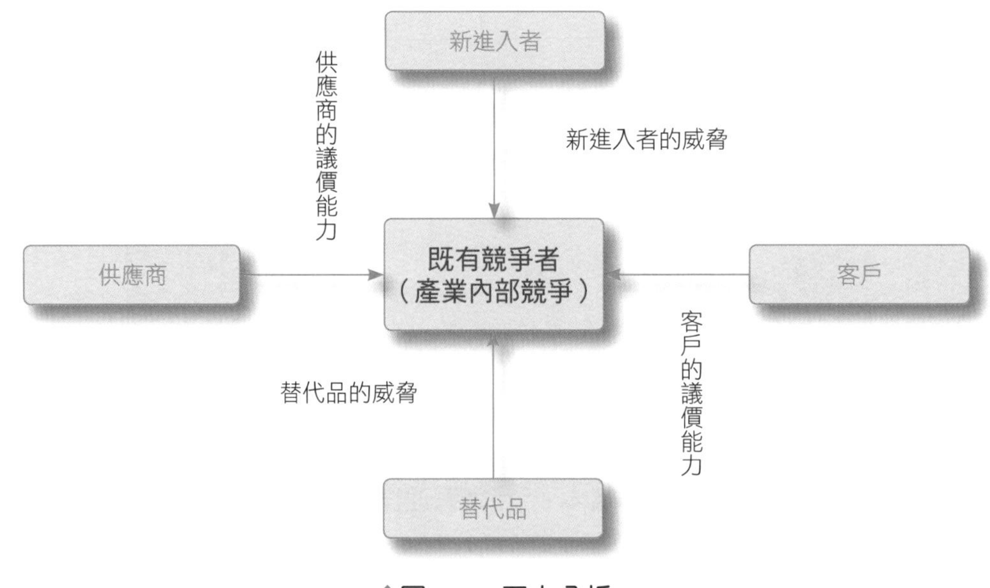

圖 4-2　五力分析

（一）供應商的議價能力

供應商議價能力，指的是現有企業向供應商購買原料時，供應商可調高售價或降低品質的能力，以便對產業成員施展議價能力；如果供應商占優勢，他們便會提高價格，對企業的獲利能力產生不利的影響。決定供應商議價能力的因素如下：

1. 供應商集中程度

市場上由少數供應商主宰市場時、且當替代品很少時、或是當其重要性很高時，供應商的議價能力自然較大。例如：臺灣的石油市場是由中國石油、台朔石油等幾家供應，因此消費者只能任由這幾家供應商宰割。

2. 供應商是否有前向整合威脅的可能

例如：統一企業建立起自己的零售網 7-11 便利商店來進行零售。

3. 是否是供應商的重要核心顧客群

對供應商而言，若購買者並非重要客戶，此客戶就無須給予任何折扣或者價格上優惠。

4. 轉換成本

是指購買者是否能輕易更換供應商。對購買者而言，若供應商的產品是獨一無二的，或者是轉換成其他供應商，購買者要付出的轉換成本極高，則表示供應商的議價能力頗高。以臺灣電信業者而言，消費者在一剛開始都要被綁上兩年至三年的契約，若在綁約期間，消費者想要更換電信業者，所要付出的代價就是違約金，這就是消費者的轉換成本。

（二）顧客的議價能力

購買者在購買產品或者服務當下，都會設法壓低產品價格，或者爭取更高品質與更多的服務，這是消費者對抗產業的議價能力。在下列幾項條件下，購買者通常有較強的議價能力：

1. 購買者群體集中，採購量很大

例如，消費者會透過團購方式，以數量來與供應商議價，試圖將產品價格壓低，也就是俗稱的「集體殺價」。

2. 採購標準化產品

若消費者要求產品要客製化，通常產品單一成本會比標準化產品來的高，畢竟標準化產品可以大量生產，降低每單位產品成本。例如，客製化的嵌入式設計需有眾多專家投入，亦需較高的產品維護與升級成本，如軟體設計。

3. 轉換成本極少

指當顧客從一個產品或服務供應商轉向另一個供應商時，所產生的一次性成本低廉，則供應商為了留住顧客，通常會給予優惠的產品價格。例如：近年來臺灣三大電信業者競爭激烈，各家電信業者常以低價促銷或高服務品質作為訴求，以留住顧客或者吸引其他電信業者客戶。

4. 購買者易向後整合

又稱為向後的垂直整合，指的是一個產品從原料到成品，最後到消費者手中經過許多階段。如果一個公司原本負責某一階段，當公司開始生產以往由其他供貨商供應的原料，或當公司開始生產以往由其他半成品供應商製成的產品時，即為向後垂直整合。

案例 1　星巴克建立一個咖啡農場

圖片來源：Urbanspoon 官網。http://www.urbanspoon.com/rph/39/1515853/san-antonio-starbucks-coffee-restaurant-photos

星巴克（Starbucks）於 1971 年創立於美國西雅圖的派克市場。星巴克咖啡使用產地大多產自印尼、墨西哥、瓜地馬拉、哥斯大黎加、巴拿馬及哥倫比亞、非洲的東半部高原及阿拉伯半島等地區。1994~1995 年間，國際咖啡豆價格劇烈震盪，星巴克唯一只能無奈囤積咖啡豆，消極接受高價的咖啡豆。星巴克為了維持各分店的產品與品質一致，有穩定的供貨來源，星巴克在 2010 年宣告為避免日後受制於他人，星巴克已和中國雲南地方政府簽署了協議，也就是在雲南普洱縣建立一個咖啡農場，把原材料掌握在自己手裡，堅持要進行供應鏈垂直整合，從而保證整個產業鏈的穩定。

5. 購買者的資訊充足

消費者若在資訊充足的情況下，就可以在不同產品或者類似產品功能間做出比較以及比價，以便做出正確的購買決定。然而有些賣場在行銷廣告上打「購物最低價保證，買貴保證退差價」保證，主要原因建立於消費者價格資訊不夠充足的情況，以及消費者的購買行為有區域性、習慣性及惰性，所以不容易挑戰其最低價之真實性。

（三）替代品威脅

產業內所有的公司都在競爭，生產替代品的其他產業也相互競爭，替代品的存在限制了一個產業的可能獲利，替代品威脅的強弱決定於競爭產品間的相對價格與效益以及消費者的轉換意願；換言之，當替代品在性能、價格上所提供的替代方案愈有利（替代品的效益 / 價格比愈高）時，消費者轉換意願愈高，被替代成功的機率即愈高，因此對產業利潤的威脅就愈大。替代品的威脅來自於：

1. 替代品有較低的相對價格

在相同或者類似產品性能與品質下，通常購買者會轉而對價格敏感，也就是消費者則會傾向購買價位較低產品。就以智慧型手機來談，假設智慧型手機市場只有宏達電的 Butterfly 與三星的 Galaxy Mega 系列手機，在這兩款手機是有相同功能性質水準前提下，假若三星以降價（原始價格 P 降到 P1）為搶占市場手段，則購買量會增加（由 Q 增加到 Q1），相對於，宏達電的市場就會減少，銷售量會衰退，如下圖所示。

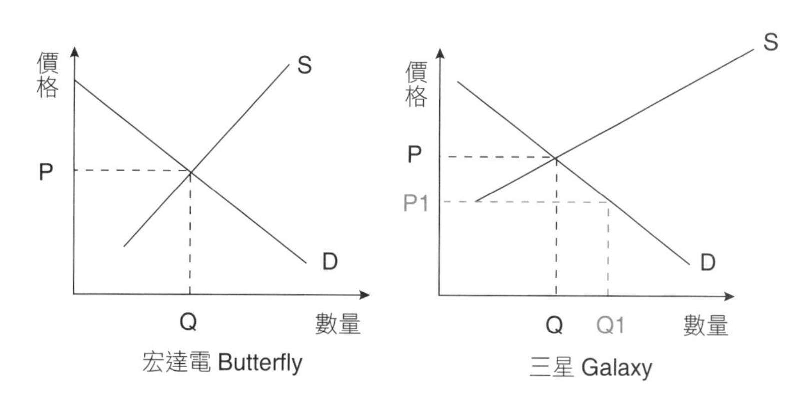

圖 4-3　智慧型手機的供需圖

2. 替代品有較強的功能

在景氣差之際，價錢愈低則是王道，是廠商競爭的市場；但若是相類似產品價格差異不大，替代品在性能 / 價格上所提供的替代方案對購買者愈有利情況下，對企業利潤的威脅則就愈大。例如，就像是智慧型手機價格目前也差異不大，而現在廠商則以提供功能愈來愈多以攻取消費者心。

3. 對購買者而言較低的轉換成本

臺灣消費者在申請手機門號時，通常都會被要求簽契約書，一旦契約未到期，消費者若要轉換電信業者，則恐怕要付出違約金款項，這就是所謂的轉換成本。

案例 2 臺灣的電信三雄掀挖角割喉戰

就以 2013 年初臺灣的電信三雄掀挖角割喉戰為例，遠傳、台灣大瞄準合約未到期的攜碼客戶，破天荒祭出違約金吸收案，吸收價碼更從 3,000 元加碼至 6,000 元，此電信三雄也是希望藉由此方案降低消費者的轉換成本，順利換取更多的消費市場。無論是哪個電信業者，都是藉由降低消費者轉換成本，也就是違約金不高，消費者就會容易轉換到業者麾下。

（四）潛在競爭者的威脅

任何一個產業，只要有可觀利潤，勢必會招來其他人對這一產業的投資。而新進入產業的廠商除了會與現有企業發生原材料與市場份額的競爭外，還帶來一些新產能，不僅攫取既有市場，也可能壓縮市場的價格，導致產業整體獲利下降，並衝擊原有企業的市場占有率，嚴重的話還有可能危及這些企業的生存。競爭性進入威脅的嚴重程度取決於兩方面的因素：一是進入市場障礙的高低，二是現有企業的報復手段（預期現有企業對於進入者的反應情況）。

1. 市場障礙的高低

進入障礙包括市場性和非市場性。市場障礙是指產業競爭條件下的壁壘，包括規模經濟、產品差異、資本需要、轉換成本、銷售渠道開拓。舉例來說，企業如果進行機械自動化，或是上下游廠商垂直整合化的發展，使生產規模經濟擴大，成本降低，就提高了其他新進競爭者的進入障礙；非市場障礙則是政府管制與政策造成的壁壘，包括國家法定的條件，如：石化企業、自來水產業、冶金業。

2. 現有企業的報復手段（預期現有企業對於進入者的反應情況）

如果產業的進入障礙強大，或是新進入者預期在位者會採取激烈的報復，那麼潛在進入所構成的威脅就會相對較小。一般而言，主要是現有企業採取報復行動的可能性大小，則取決於有關廠商的財力情況、報復紀錄、固定資產規模、行業增長速度、以及企業的社會責任等。

總之，新企業進入一個行業的評估進入可能性大小，取決於進入者主觀估計進入所能帶來的潛在利益、所需花費的代價與所要承擔遭受報復的風險，這三者的相對大小情況。

（五）現有競爭者

任何企業首先必須面對現有競爭者的激烈程度，現有競爭廠商也是企業威脅的主要來源，特別是當產品不易有差異化以及市場已存在大量規模相似的競爭者。

所屬產業結構，一個行業的產業結構可分為獨占市場、寡占市場、獨占性競爭市場、自由競爭市場等。

1. 自由競爭市場

如果產業裡沒有龍頭老大式的壟斷者，各企業之間勢均力敵，而且產品的差異化程度小，就表示該產業市場已趨於飽和，沒有多大的增加空間，退出障礙也較高（如生產線的專用性、過剩產能轉移困難等），那麼就很可能會導致更加激烈的競爭，如稻米市場。

2. 寡占市場

即指在市場中競爭者的數量不多，提供性質相同或是接近的產品，彼此互相競爭；由於，競爭者之間互相得知對方市場競爭行動的可能性很高；同時，任何一個競爭者所採取的策略行動，都會對其他的競爭者造成實質的影響；因此，供應商在規劃自己的策略行動時，都必須考量或預測其他競爭者可能採取的行動，並據此決定自己的策略行動。一般而言，寡占市場有三種競爭模式：

(1) 企業聯合（Cartel）：互相競爭的公司彼此之間簽署了一種正式的、明確的協議，彼此議定工廠可生產數量，以限制市場上產品生產的總數量，並且讓產品以某協定的固定價格進行銷售，讓產品在市場的總獲利金額達到最大，此方式可以避免惡性競爭；再者，個別公司的獲利，就等於市場的總獲利金額乘上個別公司生產的數量占整體市場數量的比例。

範例

假若市場中有A、B兩家公司，為避免競爭，彼此間達成以下協議：A於今年度僅能生產1,000單位產品，B公司僅能生產700單位產品。彼此間產品售價不得削價競爭，定價為每單位20元。請問A以及B公司個別的獲利總額為多少？

解答：A=1,000×20=20,000
B=700×20=14,000

(2) 價格競爭（Bertrand Model）：每競爭廠商各自決定自己的產品銷售價格；消費者在選購產品時，一定會先進行比價，市場上價格最低的產品優先賣出，如果最低價的產品已經全數銷售完畢而仍有消費需求時，第二順位低價的產品才有機會售出。一般而言，鮮少有廠商願意排在消費者購買的第二順位，且為了避免產品過時，因此會將產品價格訂與市場領導者一樣。通常，在這類型的市場中，當市場領導者考慮降價求售時，也會考慮其他產品競爭者是否也做出跟隨降價的可能性，一旦競爭廠商間發生這類型的追隨降價反應時，市場的價格戰就會啟動，進一步侵蝕所有供應商的獲利空間。

(3) 單一主導者（Dominant Firm Model）：在寡占市場中，若有一家公司（市場主導者）擁有最大的市場占有率，市場中剩下的占有率，則由一群相對而言比較小的公司互相競爭。在這種類型的市場中，產品的定價通常是由主導者決定，其他的公司只能接受以這個定價銷售其產品；因此，這些較小的公司，就只能在生產時，選擇應該生產多少數量的產品，並以獲得最高的銷售獲利，作為決定生產數量的考量。

3. 獨占性競爭市場

是一種競爭市場，有許多廠商供應者都有一點獨占力，但相互間又有很強的競爭度。此市場中的廠商數目眾多，而且進出市場門檻較低，所以具備完全競爭市場的特色，具有「完全競爭市場」與「獨占市場」的性質。不過，每一家企業所生產的產品或者提供的服務是具有差異性，如品質、包裝、服務上，不會與其他競爭者完全一樣，使得各家產品會給消費者帶來不同的滿足感。

獨占性競爭市場在產品是有差異的，但畢竟仍屬於同一類商品，彼此的替代程度還是相當高的，因此企業也需要將價格控制在一定程度，例如：如果85度C咖啡、7-11

CITY CAFÉ、全家的伯朗咖啡等廠商競爭非常激烈，彼此在價格上差異也是大同小異，須擔心提高價位只會將消費者送到其他競爭者手上。

以上這五種力量會相互影響現有競爭強度的因素，當然，彼此間也存在著相互抵消的關係，因此要判斷現有競爭者的競爭強度，就必須針對各種影響的面向，進行詳細而具體的全面分析，畢竟此五種力量的不同組合變化最終影響到企業利潤潛力變化，因此企業不是僅僅比較市場占有率、利潤率和成長速率這幾個簡單的數據。

就以最簡單的案例來說明，若您經營一家便利商店，但您最顯眼的競爭對手是7-11，7-11 超商目前的市場占有率超過一半，他的所有議價能力都比您強，因此他的成本也會來的較為低廉，因此除了市場占有率的考慮因素外，您還要考量議價能力、消費者的轉換成本等其他因素。

➢二、企業內部分析

企業自我分析則可利用 SWOT 工具。SWOT 分析的主要目的，應該是要釐清企業所面臨的主要問題，先從企業面臨「外在環境」中的機會（Opportunity）及威脅（Threat）進行分析；之後再檢視公司「內部環境」的優勢（Strength）、劣勢（Weakness），SW 太過於強調企業內部因素，而非著重於找出與公司優勢相關的機會或威脅 OT，因此，作 SWOT 分析時，並非依照 SWOT 這四個英文字母的順序來進行分析。

表 4-1　SWOT 分析

機會（Opportunity）	威脅（Threat）
列出企業外部機會： • 有什麼適合的新商機？ • 如何強化產品之市場區隔？ • 可提供哪些新技術與服務？ • 政經情勢的變化有哪些有利機會？ • 企業未來十年之發展為何？	列出企業外部威脅： • 大環境近來有何改變？ • 競爭者近來的動向為何？ • 是否無法瞭解消費者需求的改變？ • 政經情勢有哪些不利企業的變化？ • 哪些因素的改變將威脅企業生存？
優勢（Strength）	**劣勢（Weakness）**
列出企業內部優勢： • 人才方面具有哪些優勢？ • 產品有什麼優勢？ • 有什麼新技術？ • 有何成功的策略運用？ • 為何能吸引客戶上門？	列出企業內部劣勢： • 公司整體組織架構的缺失為何？ • 技術、設備是否不足？ • 政策執行失敗的原因為何？ • 哪些是公司做不到的？ • 無法滿足哪一類型客戶？

以下是美國 Ovidijus Jurevicius 博士對於蘋果 2013 年的 SWOT 分析，藉此讓讀者瞭解是如何進行 SWOT 分析以及運作。

案例 3　2013 年針對蘋果進行的 SWOT 分析

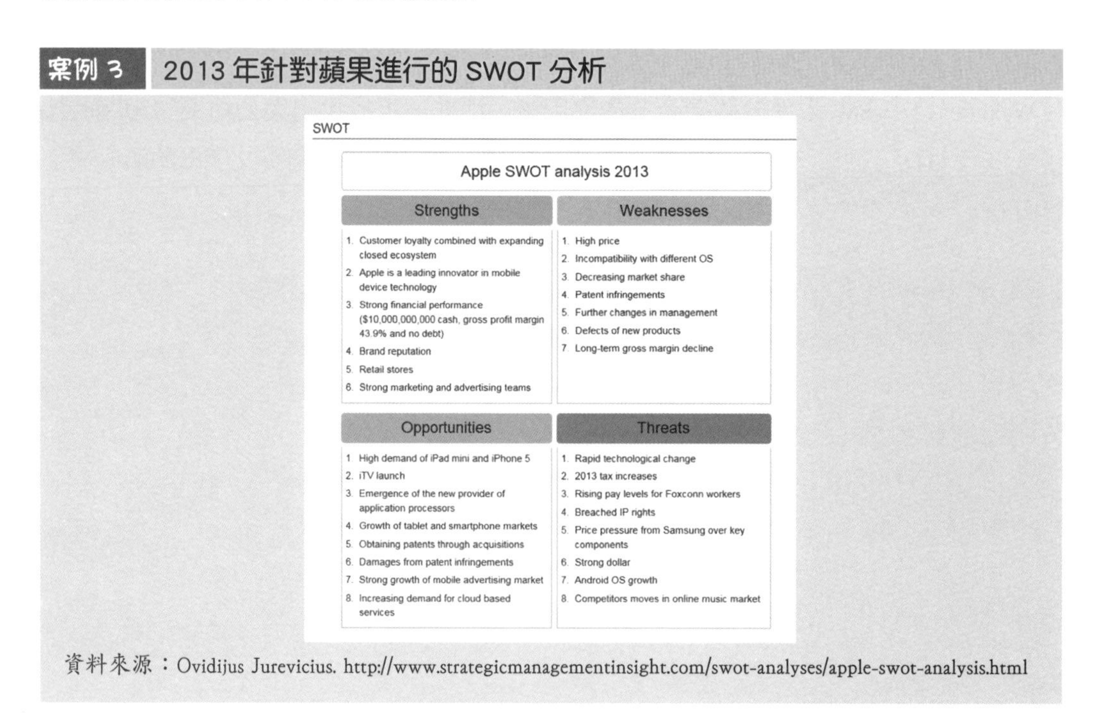

SWOT

Apple SWOT analysis 2013

Strengths	Weaknesses
1. Customer loyalty combined with expanding closed ecosystem 2. Apple is a leading innovator in mobile device technology 3. Strong financial performance ($10,000,000,000 cash, gross profit margin 43.9% and no debt) 4. Brand reputation 5. Retail stores 6. Strong marketing and advertising teams	1. High price 2. Incompatibility with different OS 3. Decreasing market share 4. Patent infringements 5. Further changes in management 6. Defects of new products 7. Long-term gross margin decline
Opportunities	**Threats**
1. High demand of iPad mini and iPhone 5 2. iTV launch 3. Emergence of the new provider of application processors 4. Growth of tablet and smartphone markets 5. Obtaining patents through acquisitions 6. Damages from patent infringements 7. Strong growth of mobile advertising market 8. Increasing demand for cloud based services	1. Rapid technological change 2. 2013 tax increases 3. Rising pay levels for Foxconn workers 4. Breached IP rights 5. Price pressure from Samsung over key components 6. Strong dollar 7. Android OS growth 8. Competitors moves in online music market

資料來源：Ovidijus Jurevicius. http://www.strategicmanagementinsight.com/swot-analyses/apple-swot-analysis.html

第三節　行銷計畫

根據科特勒（Philip Kolter）的定義，行銷計畫必須呈現出「行銷人員對於市場的瞭解，以及達成行銷目標的執行方案」，目的在於對行銷方案與財務、資源配置提供指導方向。

➢一、行銷計畫的目的

（一）提供某一公司下年度所有行銷活動的略圖。

（二）確保行銷活動與企業的策略計畫相一致。

（三）促使行銷經理客觀回顧與思維行銷過程中的所有步驟。

（四）有助預算編擬過程，能考量到行銷目的達成所需的資源。

（五）開創可追蹤實際的與期望的結果之過程。

➢二、在執行行銷計畫時常會碰到的問題

（一）消費者或顧客的需求不易掌握。

（二）市場機會與瞭解的評估。

（三）商標權的登記與運用。

（四）如何打造自有品牌。

（五）產品的定位、定價。

（六）如何切入市場。

（七）如何評估廣告績效。

（八）損益平衡點與投資成本回收年限估算不易。

（九）如何促進公司部門間的協調合作。

➢三、一份行銷計畫大致上的三個組成部分

（一）執行摘要與內容目錄

執行摘要即是以精簡、概要的方式，說明計畫的主要目標與建議，目的在於讓高階主管能夠迅速地掌握計畫的重點。內容目錄則是指計畫內容的大綱。

（二）情境分析

這個部分主要在呈現市場的分析以及企業自我分析兩部分：

1. 市場分析

企業可先從所有經濟、政治、法律、社會文化、科技等面向著手，進行檢視「市場整體情勢」，如：銷售市場規模多大、成本、市場成長多快、競爭者、配銷商及供應商等相關的背景資料。

2. 企業自我分析

利用 SWOT 工具釐清企業所面臨的主要問題，想辦法克服企業外在威脅與企業內部的劣勢。

（三）行銷策略

在制定行銷策略時，行銷人員必須明確地界定出公司的使命、行銷與財務目標，同時也要定義出產品所要滿足的目標群體及需求，進而確立產品線的競爭定位。

科特勒指出，每一個目標都可以透過多種方式達成，而策略的工作就是要選定達成目標最有效的方法。這些工作都需要組織內其他部門的配合，包括採購、製造、銷

售、財務與人力資源部門等，以確保公司可提供適當的支援，有效地執行行銷計畫。因此，在制定行銷策略時，也必須針對「行銷組合」（即產品、配銷通路、定價、促銷等 4P）、執行時間表，以及由哪些特定人員負責等事項詳加說明。

有效的行銷計畫七步驟的架構，如下：

1. 確立計畫提要

執行提要即是以精簡、概要的方式說明計畫的宗旨、目的以及目標必須明確，目的在於讓高階主管能夠迅速地掌握計畫的重點，才能採取有效的策略和戰術。諸如新產品上市計畫、產品的促銷計畫，或者是試銷計畫，同時要有明確的預期目標。

2. 運用市場分析與 SWOT 確定計畫的可行性

3. 目標市場與產品定位

企業在找到屬於自己的目標市場後，針對目標市場的接受度以及需求能量，對企業產品進行定位。

(1) 目標市場：廠商根據購買者的特性將市場細分成數個不同特性的區隔，然後再依廠商的目標和能力，從中選取一至幾個特定消費族群，全力提供能符合該族群需要或刺激該族群欲望的產品，稱為目標市場。

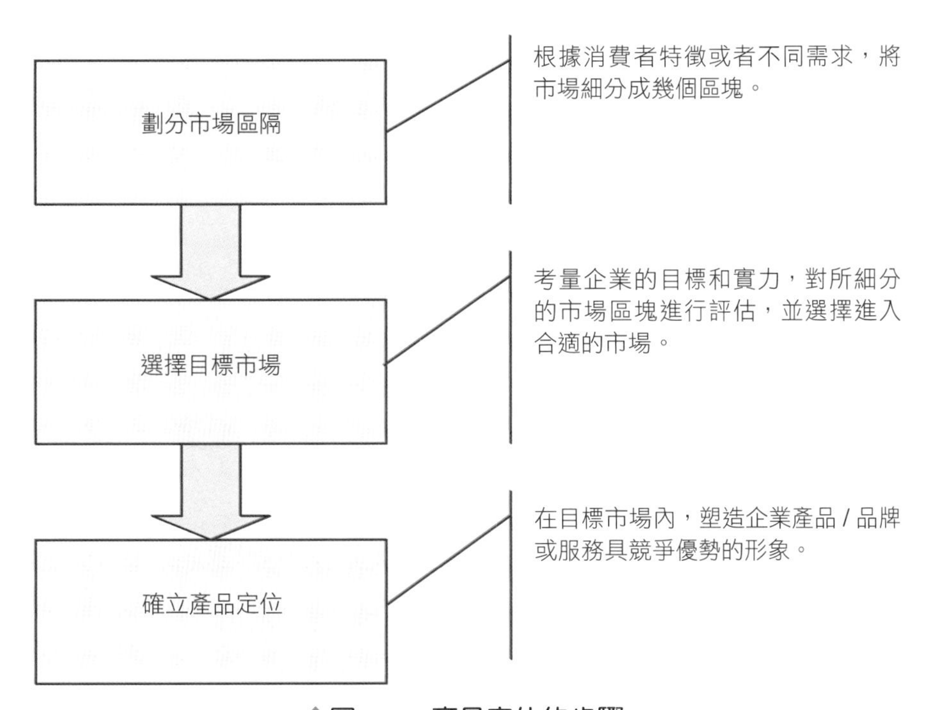

圖 4-4 產品定位的步驟

① 劃分市場區隔：找出市場中具相似偏好的顧客，以便對這些具有相同特性的顧客做行銷訴求，才能採取與其他市場區隔顧客不同的行銷策略，有效達成目標。例如，lativ 服飾是針對年輕人市場，主力在 16 至 30 歲為主要市場，30 至 60 歲為次要市場。

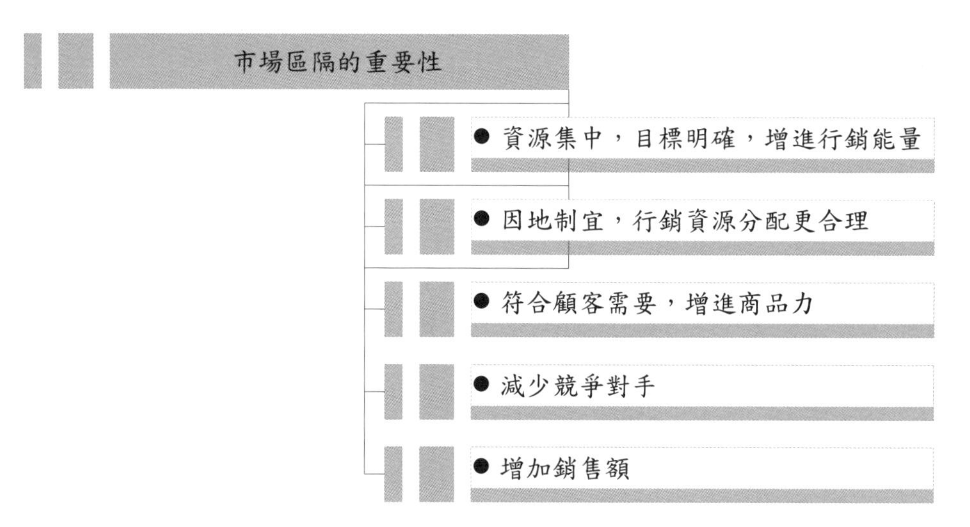

圖 4-5　市場區隔的重要性

瞭解市場區隔的重要性後，企業要如何進行市場區隔呢？一般可分為下列四大步驟：

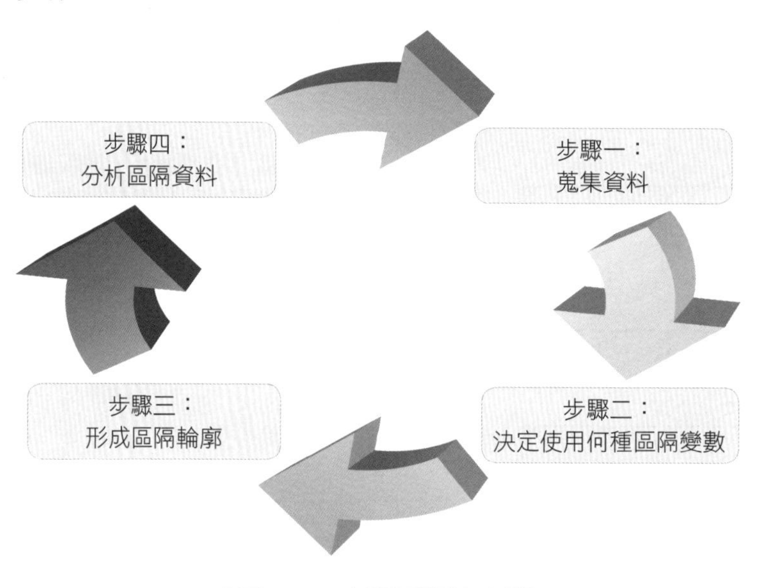

圖 4-6　市場區隔的步驟

步驟一：蒐集資料：使用適當的調查工具蒐集人口、消費者行為、消費者相關態度、決策原因等與需要或欲望相關的資料。一般蒐集資料的方法有觀察法、腦力激盪、問卷調查法等。

步驟二：決定使用何種區隔變數：找出適合成為市場區隔的變數因素，例如：地理位置、消費者年齡、性別或者職業等。針對地域不同，而對同一產品訂定不同價格。

步驟三：形成區隔輪廓：由區隔變數建構出具備成功條件的市場區隔，並發掘這些市場區隔相關機會、威脅等細節。

步驟四：分析區隔資料：評估區隔的規模和成長率以及產品在該區隔的生命週期和競爭程度，確認這些市場區隔吸引力強度。

② 選定目標市場

表 4-2　目標市場選定策略

策略	說明
整體市場策略	對整個市場只提供一種行銷方案
多元區隔策略	對一個以上的市場區隔發展不同行銷方案
單一區隔策略	針對特定市場區隔提供行銷方案
個人化區隔策略	針對個人提供高滿意的行銷方案

(2) 確立產品定位：定位是指企業為產品、品牌、公司，在目標市場上發展獨特銷售方法。很多的人會誤將產品定位與市場定位認為兩者是同一個概念，其實兩者是有一定區別的，具體說來，目標市場定位（簡稱市場定位），是指企業從整體市場中選取一至幾個特定消費族群作為該企業鎖定行銷市場；而產品定位，則是指在市場區隔中必然有許多的競爭品牌，所以企業必須在消費者腦海中塑造出自己的品牌形象或特色，樹立產品在市場上一定的形象，藉以和其他產品形成差異化。一般來說，產品定位包括品質定位、功能定位、價格定位與外觀定位。

① 品質定位：品質是產品的主要衡量標準，品質的好壞直接影響到企業產品在市場上的競爭力。因此，企業在進行產品品質定位時，應該根據市場顧客需求的實際狀況確定產品的品質水平，而非以某些品質標準來作為認定品質的標準，

如：ISO 品質系列的認證。畢竟，產品品質的衡量標準是很難量化的，即使您的產品品質比其他企業高，但在市場上，尤其消費者的認同並不一定與這些標準相符合。換句話說，消費者在乎的是價值（= 產品品質 / 產品價格），消費者並不一定都需要高品質的產品，尤其是這一兩年臺灣的實質所得（= 名目所得 / 物價水準）有下降趨勢，消費者往往更青睞於品質在一定檔次上，但價格更便宜的產品。

因此，企業在進行產品定位上應該能夠以簡易的方法與消費者進行溝通，進而認知消費者對於市場上產品品質的要求程度以及市場上同類產品的品質標準等因素，這應該是企業對其產品品質定位的重要考核因素。另外，以經濟效益來看，企業投入於提升產品品質所花費的最後一塊錢，即品質的邊際成本，應至少要和邊際收益相等。若產品品質提高，產品成本增加，當為提高產品品質所投入的成本與獲得的收益相等時，就到了品質損益點；若低於這品質損益點，也就是以高價售出該產品後產生的增值大於為提高產品所投入的費用時，產品還有利可圖；但假若高於這品質損益點，則企業會得不償失。

② 功能定位：消費者做出購買決策時，在比較同類產品的優劣，往往會將性能價格比（= 性能 / 價格） 列入考慮，因此，性能也是考核產品的一個重要指標。從某種意義上說，性能指的是產品的功能。功能是產品的核心價值。企業應開發出與競爭者有明顯差異的產品屬性、功能、用途，是產品差異化定位的有效途徑，也是消費者最容易感受產品定位的方法。

產品屬性是產品性質的集合，也就是產品差異性的集合。產品屬性包括產品多樣性、品質、設計、特徵、體積、品牌名稱、包裝、規格、保證等因素，而這些因素的不同組合會在產品運作的過程中，會有不同作用以及消費者衡量的權重差異，呈現在消費者眼前的產品就是這些不同屬性交互作用的結果，廠商可著重於要素組合差異以凸顯產品差異化。

就以電視機產品的體積大小因素來說明，在相同價位與功能下，消費者會傾向大尺寸機型；在平板電腦方面，消費者愈來愈青睞品質相當，但體積更小的產品。體積定位也成為企業參與競爭的重要考量。

不同的行業對於產品功能定位有著天壤之別，如房地產功能定位往往著重於綠色、科技化、安全、耐震等多方面。產品功能定位策略除了看企業自身的發展需要，還得切合市場的需求。

③ 價格定位：價格定位是產品定位中最令企業難以捉摸的。價格是企業獲取利潤的重要指標，要獲得高利潤，勢必要將價格拉高；但價格卻也是消費者衡量產品的一個主要因素，價格太高，會讓對價格敏感的消費者進而去購買相同性能的其他廠牌。因此，企業對產品價格的定位也需要非常謹慎。企業的價格定位主要有四種：

A. 高價定位：採用高價定位策略應該考慮企業成本、產品的差異、產品的性質以及產品可替代性等因素。此類產品的屬性優勢必須相當明顯，才能讓消費者願意以高價來購買，例如：領導品牌產品以及最新高科技產品，否則，盲目採用高價定位策略，很容易影響產品的銷售，失敗是不可避免的，例如：鮮奶等日常用品。

B. 低價定位：在確保產品品質的前提下，企業也可採取薄利多銷的低價定位策略，以量來取勝，容易打入市場，並可將市場占有率提高，最終可達到獲取可觀利潤。

案例 4　亞馬遜低價平板

在蘋果 iPad 占據主導地位的平板電腦市場上，亞馬遜用內容和廣告來換取低價銷售平板電腦以及智慧型手機，也就是以低價出售平板電腦 Fire 硬體，而從內容與廣告的銷售中賺取利潤。2013 年 9 月分，亞馬遜一口氣發表三款新平板，其中入門款 7 吋 Kindle Fire HD，售價下探到 139 美元，大約新臺幣 4,100 元，亞馬遜憑藉這種低價策略在競爭激烈的市場上，成功贏得市場青睞，在市場占有一席之地。

圖片來源：Amazon 官網。http://www.amazon.com/gp/product/B00CU0NSCU/ref=fs_jw

C. 中價定位：介於高價和低價之間的定價策略。在目前市場全行業都流行減價和折扣等價格或者高價定位策略時，企業採用中價定位，也可以在市場中獨樹一幟。

案例 5 Tasty 西堤牛排

王品集團推出 Tasty 西堤牛排，在西餐中是屬於中價位，Tasty 在西餐界打下響亮名號在於成功價格定位與絕對「物超所值」的菜單原則。

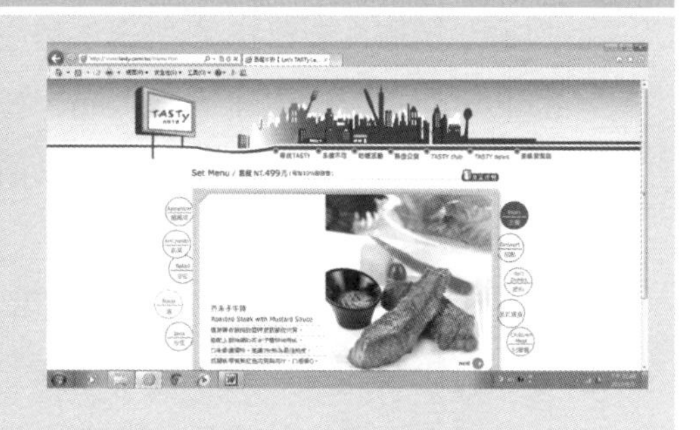

圖片來源：西堤牛排官網。

D. 固定價格定位：這是一種不折、不扣、不減價、明碼實價的定位法。可以消除顧客對價格的不信任感受，免去顧客的「砍價」之苦。一般而言，這種定位要求產品或企業具有相當的聲譽做基礎。

④ 外觀定位：產品的外觀與包裝的差異，使產品在消費者心中會更加具有鮮活性。如：三顆一組的金莎巧克力與花束外觀的金莎在消費者的主觀上，CP 值是不同的。

案例 6 以臺灣汽車自創品牌「Luxgen」為例

Luxgen 首重智慧，顧客只要一到展示中心就可親身體驗這台車子的性能，再者，嚴先生認為，Luxgen創造的價值高於100萬元，百萬房車售價完全不二價，因為消費者想殺價也不知道從何下手。Luxgen 不花大錢投資展示中心，不二價，降低經銷商進入障礙，通路擴點就快，這讓經銷商的損益平衡點比過去低三分之一，因為傳統經銷商的硬體投資大，而且賣產品都先從低單價慢慢賣到高單價，又免不了要做價格折讓。

圖片來源：Luxgen 官網。

4. 行銷策略的運用

行銷策略是概括說明企業要「如何」達成目標，因此在制定行銷策略時，行銷人員首先必須明確地界定出公司的使命、行銷目標，同時也要明確定義出產品所要滿足的目標群體及其需求，進而確立產品的競爭定位。之後，評估並選定達成目標最有效的方法。

每一個目標都可透過多種方式達成，而策略工作就是這些都需要組織內其他部門的配合，包括採購、製造、銷售、財務與人力資源部門等，以確保公司可提供適當的支援，有效地執行行銷計畫。因此，在制定行銷策略時，也必須針對「行銷組合」4P（即產品、配銷通路、定價、促銷等）、執行時間表，以及由哪些特定人員負責等加以說明。因此，行銷策略的範圍至少要涵蓋目標、資源、營運規模、行銷組合摘要、定位、目標市場、時機等，這些在行銷策略中都要簡明扼要的說明。

若想要使公司內的有限資源得到最大的效果，就必須以合適的行銷組合（產品、價格、通路、促銷）來滿足消費者需求，同時也讓企業賺取利潤。

(1) 產品：產品包括產品及服務的品質、功能、產品的設計、包裝、特徵、好處、保固期限、售後服務範圍等。管理者可以從這些產品的細項中做些許的調整，以符合消費者的需求，並作為行銷組合的選擇項目，如：產品的材質、品牌、形狀、色調、包裝、標示等。

案例7　臺灣布袋鎮農會「水晶米」小包裝禮盒

這幾年，許多臺灣米也被重新包裝，放進可愛提袋中，成為時下流行最夯的「米禮盒」，將米原本功能由家庭食用改為伴手禮、訂婚禮盒，甚至推廣到各種節慶、平安米、彌月米禮盒等，如臺灣布袋鎮農會「水晶米」小包裝禮盒等。

圖片來源：布袋鎮農會推出「水晶米」禮盒。布袋鎮農會部落格。

(2) 價格：價格包括了市面上的建議售價、廠商的交易價格、現金折扣、大量購買的折扣優惠等，都是產品行銷時的組合之一。但廠商在訂定產品價格之虞，必須要考量到產品生命週期的不同階段、相關成本、購買者的價格敏感性和競爭者的行為等因素。以產品的生命週期來談產品定價，一般而言，生命週期可分為以下四種：

① 產品導入期：此時最佳的行銷手法應該以無差異行銷及高產品價位為訴求。新產品上市，雖然顧客對其無認識，且其產品成本不高，但礙於產品的價格代表

著社會地位和權威，產品會採高定價模式，提高身價，寧願送贈品也不想降低價格去傷害品牌形象；換言之，定價時，廠商也會考量到消費者的心理因素，如：在臺灣百貨公司週年慶時賣到一罐近 5 萬元的海洋拉娜乳霜，2005 年被踢爆成本不到 100 元，但在高價一推出市場，即讓消費者認為「貴就有效」，當年風風光光的搶下保養品熱賣光環。從另一方面來探討，也有些新產品剛進入市場時，以低價格進入，其主要目的是獲得最高銷售量和快速取得最大市場占有率，如麥當勞一開始利用 10 元銅板進入蛋捲冰淇淋市場，快速搶攻市場。

② 成長期：此階段最大的特點就是愈來愈多消費者認識並接受該產品，產品開始產生知名度，市場對產品的需求迅速提高，產品開始進行成批生產，生產成本逐漸下降，銷售開始攀升，企業利潤因而增加，此時，競爭者看見市場有利可圖，紛紛投入生產同類型產品，使得產品價格隨著產品供給量增加而下降，企業的利潤增長亦將逐步放慢，直到達到產品生命週期的最高點。

③ 成熟期：當產品進入所謂的成熟期時，同類競爭多，產品變得普遍化，產品市場趨於飽和狀態，管理者同樣可以透過對產品的價格調降來爭取、保有顧客，以達到業績目標，此時期產品售價會最低，但這時廠商又積極在產品款式、包裝、品質、服務或廣告宣傳上下功夫，導致企業行銷成本增加，利潤下降。

案例 8　平板電腦產品週期已進入成熟期

自蘋果在 2010 年發布首款 iPad 以來，平板電腦市場的歷史還不到四年，儘管如此，平板電腦市場已經趨近了成熟期，平板電腦的價格也會持續下滑，出貨將倍增。

宏碁總經理翁先生也談到，2013 年平板出貨預估可望達 500 萬台以上，會比 2012 年 200 萬台，成長超過 2 倍。

圖片來源：Acer 官網。
http://www.acer.com.tw/ac/zh/TW/content/group/tablets

④ 衰退期：隨著時代變遷與科技進步，市場上出現其他性能更好、價格更低的新產品，導致既有產品的銷售量與利潤持續下滑，終至無利可圖，迫使廠商必須放棄該產品，開始逐一退出市場，直到該類產品完全撤出市場。

案例 9　桌上型電腦進入衰退期

最近幾年隨著智慧型手機、平板電腦等行動裝置問世之後，再加上無線網路技術普及，因此類手持設備較便宜，方便攜帶，還可以馬上獲得所有網路資源，完全移轉了消費者的買氣，導致臺灣的桌上型電腦成長明顯趨緩，此為產品成熟期步入衰退期的主要原因。

(3) 促銷：促銷所指的是促銷組合或傳播組合。此種組合包括廣告、宣傳、郵寄DM、展覽、展示、口頭推銷等。這些都是目前最常見到的行銷組合，每天只要我們一睜開眼睛，就會見到所謂的廣告、宣傳等，因此要如何藉由這些廣告、宣傳吸引顧客，便是行銷經理所必須思考的問題。廠商必須運用「推廣」，將產品的相關資訊傳達給消費者，讓消費者知道、瞭解、喜愛、偏好，進而購買這項產品。推廣的方法主要有廣告、人員銷售、促銷以及公共關係等。

案例 10　速食業者推「薯條吃到飽」

臺灣速食業者漢堡王表示，2013 年 5 月 1 日起至 6 月 30 日止，凡店內消費指定單層牛肉堡、雙層牛肉堡、三層牛肉堡、總匯火烤雞腿堡、總匯辣雞堡等五種套餐，一小時內薯條想吃多少，就吃多少，無限續。臺灣漢堡王認為這種促銷方法，對業績或多或少有些許的幫助。

就如同2012年，日本麥當勞曾推薯條吃到飽，只要花費 150 日圓（約臺幣 45 元），就可在店內享受「薯條吃到飽」優惠，吸引大批學生以及民眾湧進麥當勞大開「薯條派對」。

圖片來源：東森新聞雲官網。
http://www.ettoday.net/news/20130502/200785.htm

(4) 通路：通路的功能就是將產品帶到市場上，讓消費者得以購買。行銷經理在考量通路的問題時，要以顧客的心態去考量，因為唯有最方便的通路，才能夠吸引到最多的顧客，也就是當消費者需要某個產品時，企業如何在恰當的時間與地點讓消費者購買到這個產品。

案例 11 全家便利商店推出霜淇淋

隨著夏至的來臨，走在路上可以看到人手一杯冷飲或冰品，除了在臺灣銷售多年的麥當勞蛋捲冰淇淋，從一開始的 10 元售價，後來漲到 12 元，到目前的 15 元，依舊廣受消費者捧場，據估計，麥當勞一年至少可賣出超過 1,600 萬支蛋捲冰淇淋，市場龐大的冰淇淋商機，讓其他業者也開始蠢蠢欲動。

2013 年全家便利超商年初悄悄引進日本 NISSEI 日式霜淇淋機台，目前全臺 2,800 家門市，約有 5、60 家已安裝完成，開始供應霜淇淋，消費者反應相當熱烈。

圖片來源：全家便利商店官網。
http://www.family.com.tw/Marketing/food/ice_cream.html

5. 執行行動方案

根據先前制定的行銷計畫，經理人就必須要有 100% 的執行力，將具體的任務分配給具體的部門以及負責人員，也要隨時要求負責部門或者人員報告進度如何，即運用計畫評核術，再按計畫進度予以追蹤。

6. 預算編列

行銷預算編列是每一位行銷企劃人員與管理者經常要面對的困難與挑戰，畢竟企業要求每一分錢都要花在刀口上，不允許浪費，因此學習要達到最大的產品宣傳效益，應該如何妥善的運用整合行銷資源以及如何有效的妥善分配行銷預算，成了行銷企劃人員與管理者必修學分，也是成功執行企劃案的關鍵因素。

行銷預算編列的程序，主要考慮的因素有三：

(1) 正式編列行銷預算之前，必須先行思量預期達成的目標成果，如：營業額與獲利額等。
(2) 在達到以上的目標成果要求下，企劃案預計執行工作項目所需的開支費用以及行銷投資該占多少比例的營業額，才是合理的預算編列？
(3) 企業是否有能力負擔行銷經費的財務能力，以及即使編列足夠的行銷預算是否保證一定能達成預期的目標成果？

7. 追蹤控制

任何行銷方案或計畫之執行階段可能受企業周遭環境的影響，因此，行銷內部必須觀察這些執行的方案或計畫實施情形，並且進行經常性追蹤控制。若衡量其實際成效與計畫有異常情形，此時，要立即進行適時檢討及改善，甚至大到修改原先計畫。

課後探討：霜淇淋市場行銷策略

在臺灣銷售多年的麥當勞蛋捲冰淇淋，一直稱霸連鎖店銷售市場，其由於年代久遠，從一開始的10元售價，到目前的15元，依舊以低價策略占據夏季冰品市場，頗廣受消費者捧場。

直到2012年3月，全家超商與日本NISSEI合作，在臺開賣每支30元霜淇淋，截至10月已賣出逾500萬支霜淇淋，今年冬季再推出濃郁巧克力口味、綜合口味。

而賣霜淇淋多年的義美，則以抹茶、黑炫巧克力等多種口味變化來擄獲老饕的心。

7-11也看好臺灣霜淇淋商機，獨家跨界與北海道十勝四葉乳業合作，強調堅持100%採用北海道十勝生乳，2012年10月28日起全臺10家7-11門市測試販售，每支售價35元，此售價約為日本售價的三分之一。

請問：若您是7-11的管理者，您該如何行銷您的霜淇淋，搶進已被知名全家便利商店、義美食品、麥當勞占據的霜淇淋市場？

第五章

人力資源管理

MANAGEMENT
企業管理概論與實務
THEORY AND
PRACTICE

第一節　企業社會責任

企業社會責任（Corporate Social Responsibility，簡稱 CSR），泛指當企業在進行商業活動時，除了考慮自身的財政和經營狀況外，也要考慮到其對社會各相關利害關係人和自然環境所造成影響的考量。利害關係人是指所有可能會因企業的決策和行動所影響的個體或群體，如：員工、顧客、供應商、社區團體、母公司或附屬公司、合作夥伴、投資者和股東等。企業社會責任是企業對其生產價值鏈活動影響範圍內所造成的社會、環境和經濟後果負起責任，並隨時定期或者不定期向利害關係人報告就如何減少負面影響和擴大正面影響進行建設性的互動和對話。企業社會責任主要涵蓋八個範疇：

1. 工作間議題（如培訓、平等機會、性別平等）
2. 人權
3. 對社區影響
4. 商譽、品牌、營銷
5. 道德投資
6. 環境
7. 商業道德及公司管理
8. 職業健康及安全

企業社會責任並無公認定義，但目前國際間最普遍採用並最有影響力的定義，是歐盟對企業社會責任（Corporate Social Responsibility, CSR）的概念定義，「企業在自願的基礎上，將對社會和環境的關切整合入他們的商業營運，以及與其利害關係人的互動中。」

案例 1　7-11 探討

圖片來源：7-11 官網。http://www.7-11.com.tw/

統一超商 CSR 表現以「人群關係」、「社會參與」、「地球共生」三大經營主軸持續深耕推動，善盡企業公民的責任，以永續經營的策略，營造企業與環境的友善關係。旗下的 7-11 自 1988 年起即投身公益活動，隨著社會變遷、議題焦點之不同，而舉辦各種募款活動，包括與臺灣世界展望會合作之第十八、十九屆「飢餓三十」活動募款、2008 年與聯合勸募協會合作之「打開無礙生活新世界」，以及 2008 年與肝病防治學術基金會合作之「救救肝苦人」活動募款，這些活動都成功的為弱勢團體帶來實際支援。此外，在許多緊急災難發生時，7-11 更利用其廣泛之據點與通路，快速募集物資並深入災區發送資源。近年來，7-11 亦與社會福利機構合作，於門市推出社福機構之愛心商品，協助其拓展市場，提高營收利潤。

7-11 投入逾 6,000 萬元進行產地契作，制定食品把關標準已超過十年，近年來更結合數百位農民一起共同打造「7-11 光合農場」，並取得生產履歷、吉園圃等國家級安全蔬果認證。例如，關東煮使用的肉品、雞蛋、與蔬食均使用臺灣在地食材，採購臺灣農產品超過 4 萬公噸。7-11 強調愛用臺灣在地食材，支持在地農業，並投入源頭管理，從保鮮、農藥使用、收成尺寸、加工等過程中一一為消費者把關，並協助農民組織產銷班（2010 年達成三十個產銷班），加速取得吉園圃與生產履歷認證。此舉不僅可以帶動國內農業升級，更能樹立 7-11 深耕在地農業之企業形象。

第二節　人力資源規劃

人力資源規劃（Human Resource Planning, HRP），早期稱為人力規劃（Manpower Planning），乃根據企業內、外部環境的變化，預測企業未來人員的需求與人力可得性的活動過程。狹義來講，在一限定時間內，將組織內部或外部之人力供給與組織空缺配合起來的一個過程；以廣義面來定義，即指企業所有各類人力資源規劃的總稱。

人力資源管理的主要職能包括：人員招募、培訓及開發、薪酬及福利管理、績效考核、員工關係、企業文化等六部分。

➢一、人員招募

人員招募又稱人員招聘，乃根據企業的近期及遠期的業務需要來制定人員需求的計畫，並透過各種招聘手段吸引大批符合要求的求職者前來應徵，以填補該職位的空缺及人力的資源不足。人員招募主要涉及人員規劃，簡歷蒐集、選聘、錄用及員工入職培訓。招募方式以內部或者外部進行招募。

(一) 內部招募方式

1. 職缺公布

由於內部招募的穩定性高，近年來，許多企業也都開始採用內部招募的方式，將職缺公布在公司布告欄上，現職員工符合條件皆可參與。

2. 毛遂自薦

員工自認可以勝任公司其他職缺，可以為自己爭取到工作的升遷機會。內部升遷的招募相較於外部招募而言，成本較低也較經濟，因為無需再向外界舉辦徵才廣告或活動，且內部員工會因升遷而有所激勵。

3. 工作輪調

工作輪調又稱職務輪換（Job Rotation），是指企業有計畫、有系統地將一個員工從一個工作調到另一個工作，讓員工或管理人員輪換擔任各種不同工作的做法，從而達到考察員工的適應性和開發員工多種能力的目的。

工作輪調雖可能改變既有的專業，但亦可能因而發掘自己更多的潛能，得以發揮第二專長，提高自己的工作附加價值；例如，某些銀行或者郵局要求行員必須進行定期工作輪調，以達到「全功能櫃員化」，讓每一個行員都可以獨立執行各種不同的銀行工作，也才能執行單一窗口功能，以便服務消費者。工作輪調是以水平方式將員工做橫向的工作活動，使工作者的活動有變化，消除工作煩厭。它和工作豐富化、工作擴大化有相似之處。

(1) 工作擴大化，從字面上來看，是指擴大工作的範圍或工作多樣性，也就是增加每一位員工所進行的任務數目，增加工作種類和工作強度，以降低其對工作所產生的單調與不滿；簡言之，就是給予員工多樣化工作，提高他們的工作滿意度。

(2) 而工作豐富化與工作擴大化、工作輪調都不同，它不是水平地增加員工工作的內容，而是垂直地增加工作內容，除了增加任務的數目外，也增加員工對工作的控制程度，員工有更大的自主權和更高程度的自我管理；相對的，員工會承擔更多重要的任務、更大的責任。為了達成工作豐富化，管理者必須減少對工作的控制，增加對部屬的授權，並將工作以一種更完整的單位來安排，增加部屬的責任感。

在進行工作輪調時，企業要考慮到若員工是進行永久性工作輪調，此可能會造成公司極高的成本負擔，必須再另外找替補的人員來接應；反之，若此工作輪調是屬於短暫性，則可以改善員工工作壓力和身心疲憊的問題。

5. 重新僱用或召回離職員工

重新僱用的員工，對於公司所有運作大致瞭解，公司也對員工的工作效能瞭若指掌，故相較於培養新人而言，成本較低、效率較高。

（二）外部招募方式

1. 網路招募

由於網際網路普及，資訊流通非常迅速、更新速度快且互動性高，其招募成本較傳統書面方式來的低，並且還不受地區和時間的限制。因此，大多數公司會利用自有網站及利用外部人力資源網站進行招募新人，如：1111、104 人力銀行資源網等。

2. 員工推薦

現職的員工向公司推薦外部人事，招募成本極低，只需擔負推薦條件佳者的獎勵金。

3. 毛遂自薦

雖然沒有其他的引介管道，但還是有可能爭取到工作的機會。對於招募成本來說，並沒有太大的負擔。

4. 開放參觀

吸引外界人員前來應徵。對於招募成本而言，並不會帶來太大的壓力，只要注意假日開放參觀的人潮。

5. 公私立就業服務機構

專業的就業服務機構不僅協助企業尋找到理想的人才，還可幫忙進行初步的審核和甄選。故在招募成本上，需負擔費用給該招募機構。

6. 協會、工會

能提供會員就業的機會，是企業外部招募之重要來源。

7. 校園徵才

學校是培育人才的主要場所，同時也是企業主要的徵才來源。對於招募成本來說，須到校園內舉辦徵才活動，吸引新鮮人踏入職場。

8. 媒體廣告

能夠直接將招募訊息加以傳播給一般大眾。招募成本上，必須負擔廣告招募宣傳等費用。

9. 職業介紹所介紹

又稱失業介紹所、勞動介紹所，是指為勞動力供需雙方提供聯繫和選擇機會的組織機構，如：臺北市就業服務處。

表 5-1　內部與外部招募的優、缺點

	內部招募	外部招募
優點	• 提升員工士氣 • 有助於凝聚人才向心力 • 清楚的人事資料 • 正確的技能評估 • 帶動升遷連鎖反應 • 快速而且招募成本低 • 縮短職前訓練的時間 • 內部招募的穩定性高	• 應徵者來源廣泛 • 多元的勞動力 • 注入新點子帶動新關係 • 減少內部競爭衝突 • 減低彼得原理效應
缺點	• 新點子進不來 • 助長內部派系 • 阻礙人力多元化	• 員工對空降幹部的反彈 • 需要時間建立人脈 • 費時費力 • 需要較長的職前訓練

由人力資源的需求計畫，便會清楚瞭解企業未來所要增加招募或汰減的員工人數。決定了所要招募的員工種類及數目後，便要進行實際的甄選。企業對於招聘人才總是會花費不少時間，甚至試用了一至三個月，才發現應聘者的適任與否。這對於應聘者、企業，都是時間、成本的浪費。企業招聘步驟如下：

1. 初步篩選，由應徵者寄來的自傳及履歷表的基本資料進行初步篩選，以淘汰不合職位條件者，合乎初步條件者才進行約談面試，以簡短的 15~30 分的電話或者面對面的對談，快速的篩選應聘者，是否與企業所需人才相符。面試可分為三類：

(1) 結構式面試：此類面試要先制定好所提出的全部問題，問每一應徵者相同的問題，屬結構式問題，如：問他最喜歡的休閒活動？最希望由組織或公司得到什麼？最討厭的人之典型等問題，由其回答中找出價值觀及能力合乎職位要求者。此面談方式有利於提高面試的效率，瞭解的情況較為全面，但談話方式程式化，不太靈活。

(2) 非結構式面試：面試者針對每位應聘者背景或者情況問不同的問題，或刺探性的問題，以便更深入瞭解面試者。面試者在面試中可隨時發問，無固定的提問架構，也就是面試題目不一定，這種面試可以瞭解到特定的情況，但缺乏全面性，效率較低。

(3) 半結構化面試：又稱為混合式面試，將結構式面試和非結構式面試結合起來。這種方法可以取二者之長，避二者之短，所以是常用的一種方法。有些企業也會使用所謂的量表測驗，來進一步協助評析應聘者人格特質、個性特徵是否與職缺相符。測驗的種類繁多，主要可分為以下數種：

① 能力測驗：又稱認知測驗，是指評量一個人或某一團體的心智能力，如：成就測驗、性向測驗、智力測驗及能力測驗等。

② 人際關係測試：主要測試個人的社會人際關係交往能力，重點考察在人際交往中個人的感覺、思想、習好、動機、情感、意向以及與他人的交往行為等，此測驗對於需要團隊合作，而非單打獨鬥型的企業非常適用。

③ 人格測驗：本測驗對每個受試者的個性、興趣或人格的特質，提供客觀評價的量表測驗。

④ 技能操作測驗：對面試者進行技能操作測試，如：現場測量每分鐘打字的速度、電腦硬體裝修的熟練度等。

⑤ 其他測驗：如工作知識、體力測驗、筆跡測驗、書面誠實測驗等，如：政府機構在選用巡山員時，測驗扛 30 公斤沙包，跑 100 公尺的速度，來決定其體能狀況的方法。

2. 角色扮演，運用情境模擬的方式，使應聘者模擬在工作情境中的實際狀況，檢測應聘者是否具備關鍵的工作技能，如：教師試教。

3. 工作預覽，讓應聘者進入工作環境，觀察正式員工的工作狀況，使應聘者得知工作環境，以及各項注意事項，甚至工作內容的預覽。

4. 上級批准，人力需求計畫預測被各級主管批准後，作出批示，正式公布，將預測層層分析，作為人員配置計畫下達給各級管理者。

5. 保證人核實，企業在決定聘請應聘人員最後步驟，應該要與認識應徵者的保證人聯繫，最好是他以前的上司或同事進行電話溝通，充分瞭解應徵者的情況，以確認應徵者的能力是否勝任空缺職位，並確認應徵者在履歷上及面試過程中所描述的工作業績是否屬實，非一時偽裝。此外，還要查清僱用的員工沒有過往的不良紀錄，以避免危及企業內的員工，給企業帶來一些不必要的麻煩。事實上，如果因未做好背景調查而導致新聘用的員工資質太差或產生其他不利於企業的影響，人力資源部門要負相應的責任。

在全球化急速發展的今天，人力資源的全球性競爭日益激烈，企業要想在人才市場中招聘合適的人才，實在不易。因此，企業除了招聘需求的人力外，應要盡可能留住優秀人才，以下幾個原則能招聘和保持企業所需要的優秀人才：

1. 建立和充實企業人才庫

(1) 積極與各大專院校的就業發展處所、專業人才服務機構建立良好的互動。

(2) 鼓勵內部員工積極參與行業內的專業組織與活動，以培養優秀的人才。

(3) 經常瀏覽人力銀行相關網站，將一些合適的人才履歷收入企業的人才資料庫中。

(4) 在一些專業的網站與刊物上，刊登招聘廣告。

2. 做出正確的僱用決定

目前許多企業希望聘用新員工時，都已具備相關的基礎專業與工作經驗，讓新進員工進入企業時，即能發揮作用，而不是企業還要花費時間與財力去培訓一名員工。企業認為學歷、過往工作經歷，是企業做出僱用決定的基礎。

3. 從內部挖掘人才

激烈的競爭使組織迫切需要非常有經驗、馬上能用的人才。有很多企業都習慣於採取對外招聘高級經營管理人員的方法，這顯然是深受「引進人才」觀念的影響。在出現職位空缺的時候，首先從內部挖掘人才，給有實力的候選人面試的機會，員工可據此瞭解組織的需求與目標，實際上這也是人力資源部門（HR）更佳地瞭解企業內人才的絕佳機會。有時，HR 會在企業的需求與員工需求之間找到一個非常好的平衡點，一旦找到，將對企業內部的員工產生非常良好的影響。國際上許多知名跨國公司如通用、IBM、寶潔都非常重視培養自己的員工，而且喜歡在企業內部提拔高級管理人才，並提供豐富的機會以激勵員工積極向上。像摩托羅拉每兩年就挑選四十個有潛力的高層領導，讓他們參加一個兩年制的 MBA 課程，IBM 等其他許多公司也有類似的培養機制。顯然，這種作法為普通員工成為自己公司未來傑出的領導者，創造了條件、鋪設了道路。

儘管從外部招聘高級管理人才能夠給企業帶來新鮮理念和先進經驗，而且他們在工作中通常更富有革新意識，但由於缺乏對企業的文化心理認識等各方面原因，往往並不一定能夠取得預期效果。

培養和提拔有能力、有發展潛力的員工，會讓員工們看到為企業勤奮工作的美好前途，使他們對企業充滿忠誠，並激發他們發揮聰明才智的熱情以創造更多價值。

4. 成為知名的雇主

在人才競爭日益激烈的時代，企業的目標不僅要成為最佳雇主，而且要讓求職者都清楚地知道這一點。重視企業雇員的保持、激勵、責任、報酬、認可、制度靈活性、在員工工作與生活中的平衡及員工的參與程度，是企業成為最佳雇主的關鍵因素。而如果企業現有員工逢人便讚賞自己所處的企業，是一個非常棒的工作地方，企業外的潛在雇員就會因此認可你的企業的確是優秀的雇主而選擇你，這大大增強了對潛在雇員的吸引力。

5. 讓員工參與僱用過程

企業有三個機會讓員工參與僱用過程：一是讓他們推薦優秀的人才到企業中，二是協助 HR 審核潛在人才的簡歷與資格，三是協助 HR 面試潛在的人才，評估他們的潛力是否符合組織的需求。如果企業沒有充分運用現有員工評估潛在雇員，那是對企業最重要資產的一種浪費。此外，讓員工參與新員工的甄選過程，同時也有助於新舊員工的承繼性。

6.「福利」是重要的競爭優勢

將企業的福利保持在行業的標準之上，並適時為員工提供能力所及的新福利制度，非常有助於留住員工的心。同時，也要讓員工知道所得到福利的價值與組織在這方面投入的費用，使員工明白組織是在不斷地努力滿足他們的需求。要注意平衡員工在工作與生活上的責任與興趣，並為此盡可能提供機會與制度上的靈活性。目前，員工已經日益趨向於自助餐式的福利計畫，這樣他們才能更好地在工作、生活與家庭之間取得平衡。此外，根據員工績效實施獎金分配也是不可或缺的。這裡要注意的是不要比照其他公司的福利形式，最好通過與員工的談話確定他們的興趣所在。因為，適用於某一群人的形式並不必然適用於另一群人。

7. 合理運用企業的網站

企業網站一般描繪了企業的願景、使命、目標、價值觀與產品，不可忽視的是，企業網站同時也極易吸引那些瀏覽過網站、對職缺感興趣，且與企業文化適合的應徵者投送履歷。因此，有網站的企業不妨建立一個招聘網頁，把企業的空缺職位、職位需求、任職資格等做出清晰的描述，這會吸引很多合適的人才投遞履歷，一般情況下，這些人才都對企業的空缺職位非常感興趣。如台塑企業透過自家企業網站進行招募，如下圖。

圖片來源：台塑企業官網。

➢二、培訓

通過一些教育訓練培訓的技術及手段，提高員工的技能，讓員工在工作中減少失誤，生產中減少工安事故，降低因失誤造成的損失，以達到預期的目標水平。通常愈注重員工培訓的公司，競爭力愈強，如麥當勞、統一企業等皆能藉由培訓方式，使他們創造出優質的勞雇關係與強勢的企業競爭力。

案例 2 美國第一法寶證券經紀公司愛德華・瓊斯

美國第一法寶證券經紀公司愛德華・瓊斯非常重視員工職業培訓，在經濟持續不景氣、股市大跌的環境下，投資者不敢進場交易，使股票經紀公司收入銳減。公司在經濟不景氣之時不但沒有解僱員工或者選擇放無薪假，反而提供員工培訓深造機會。2002年，愛德華・瓊斯每位員工平均接受職業培訓的時間，從 2001 年的 132 小時上升到 146 小時。新任職的員工接受的職業培訓時間更長，超過 600 小時，差不多一年有三分之一的時間都在接受培訓，這樣一來必然會增強企業向心力，等到經濟復甦繁榮時，員工也不會跳槽，而是更加倍努力工作。

案例 3 臺灣統一企業

臺灣統一企業一向也以惜才為招募員工的標的，一旦通過試用期成為正式員工，統一企業便會長期培訓。除了灌輸企業文化，統一企業的在職訓練包括專業訓練、管理訓練以及國際化訓練。其在職訓練（On the Job Training, OJT）是讓員工從做中學，藉由實際經驗提升人才能力。重視內部培育，而非對外挖角，升遷制度相當完善。

（一）培訓形式的選擇

1. 企業內部培訓

是指為確保員工掌握正確、有效的知識及掌握應有的技能，企業以自身力量對新進員工或原有員工通過各種方式、手段，使其在知識、技能、態度等諸方面有所改進，達到預期標準的過程。進行內部培訓講師是企業內的前輩或者講師，他們能精準的將企業精神融入課程，講解知識、傳授技能，為員工解答各類疑難問題。

案例 4 中華電信

中華電信視員工是公司的重要資產，長久以來著重人力資源的運用管理與培養，期望在對的時間、用對的人、做對的事，因此成立電信學院。用來培育內部員工，期望員工能在工作中成長並發揮所長。電信學院目前數位學習網站維持 400 門數位學習課程，每年更新約 180 門，以充實課程內容。遠距學習據點遍及全國各營運據點，每年學習時數達 55 萬人。中華電信也有自我技能認證，目的在提供公司一套有效的方法以評估員工所具備的技能，並確保企業確實掌握應有的技術而得以維持其競爭優勢。

2. 與外部培訓機構合作

為使員工快速學習最新的專業知識與技術，企業與國內外研究機構或國內名校合作辦理技術訓練培訓課程以進行交流合作，加強專業技術人才的技術業務培訓，以便讓員工達到自主學習，掌握最新科技。

案例5　中華電信與臺灣大學合作

如：中華電信與臺灣大學合作自 2008 年起，每年辦理「電信網路技術高級學程」專案計畫與「資通訊創新應用服務」講座，已培育 140 位網路專家。2012 年因應業務發展，擴大培訓範圍，安排網路規劃、智慧聯網及雲端運算與應用三個專班。並與臺大合作辦理「資通訊創新應用服務」講座，以提升員工瞭解資通訊發展之新趨勢。信義房屋與北京清華大學合作成立「清華——信義社區營造研究中心」，將從「出版系列書籍」、「培訓相關政府官員」、「研究大陸本土社區營造經驗」、「建立網路社區營造相關經驗討論平台」四個構面推展計畫。

3. 外包給培訓公司

就是企業將自身的員工培訓與開發業務委託給社會上專業的培訓機構。相對於企業本身，專業的培訓服務提供商有著相對完備的培訓體系、先進良好的軟硬體培訓設備和豐富的培訓經驗，這都將有助於企業員工獲得較好的培訓服務，提高企業人力資源培訓和開發的效率。企業在培訓外包的過程中應該與外包的培訓機構建立起伙伴關係，這有助於培訓機構能更深入企業，切確瞭解企業需要培訓的內容，並降低外包風險，實現高效員工培訓的有力保障。

表 5-2　不同培訓方法的比較

	對企業的瞭解程度	費用	受訓者的認同感	培訓方法
企業自行培訓	很瞭解	低	一般	一般
與外部培訓機構合作	較為瞭解	中等	較好	較新穎
外包給培訓公司	不瞭解	高	較好	新穎

➢ 三、薪酬

薪酬制度是指組織的工資制度，是關於組織標準報酬的制度，它是按照員工實際完成的勞動定額、工作時間或勞動消耗而計付的勞動薪酬，包括基本薪酬、績效薪酬、獎金、津貼以及福利等薪酬結構的設計與管理，薪酬管理是人力資源管理的核心，薪酬管理制度的合理與否，對於企業在人才招募、甄選、晉升與留用皆有重大的影響，因此制定出合理的薪酬管理制度，可留住企業的優秀人才以及激勵員工更加努力工作；反之，會造成企業內部優秀人才流失。

（一）完善良好的薪酬制度需要擁有內部公平性與外部競爭力兩大考量因素

1. 外部競爭力

是指企業的薪資水準與外界同產業屬性的組織，其薪資水準具一定程度之競爭力；如果薪酬缺乏競爭性，不但不能招到有水準的員工，更會造成優秀員工的離職。建立公平而合理的薪資制度，則需要注意到薪資結構是否與員工個人貢獻度有所關聯性，企業所處地域的工作力市場薪資狀況，是否能和其他競爭公司的相對職位和薪資做平等比較，以及企業的薪資結構是否能夠激勵員工在公司發展上往更高階職位努力，並且畢竟在經濟社會裡，薪酬對員工的吸引力是最大的，也是關係到企業在市場競爭性能否制勝的重要因素之一。

2. 內部公平性

在薪資理論中，要達到報酬合理的境界，必須考慮三個公平，除了上述的外部公平外，企業還要考量到內部公平與個別公平，簡言之，企業設計薪酬制度時，應有一套公正客觀以衡量薪資差異的準則，要讓員工真實感受到個人個別表現的付出反映在報酬回饋，也就是所謂「同工同酬」的概念；另外，加上績效評估制度，依據員工個別的貢獻度大小，決定個別員工應得的報酬，貢獻一致時，薪資應是一致的，如此一來，才能激勵員工努力達到自我績效，間接提升企業整體目標。2013 年，104 資訊科技集團發布「2013 企業薪酬展望」發現，絕大多數企業 60.9% 以績效導向，「不會全面調薪，但會看績效表現個別加薪」，由此可知，企業福利近年來雖然變動不大，但薪酬發放則是愈來愈重視「有功有酬」。

（二）公平的薪酬制度建立目的

1. 吸引外部人才

企業要訂定出企業內部職位的相對價值外，還需要和同業間及整個勞動力市場的薪資水準作比較，提出具競爭優勢的薪酬制度，以便在就業市場上吸引人才。

案例6 華為高薪挖角

2012年宏達電除了面臨股價重挫的窘境外，同時面臨大陸廠商華為高薪挖角的情況，華為開出500萬元挖角，加上三節、績效獎金和分紅，加起來超過500萬元臺幣，由於優渥的薪酬以及獎勵，目前已有十多位工程師從宏達電跳槽到華為。

現在全球專業人才「逐薪資而居」的現象相當普遍，因此，薪酬條件愈優渥的國家，通常愈能吸引更多優秀人才前來效力。臺灣面對全球人才競爭，的確要靠制度變更讓薪資待遇合理，才能吸引或留住高階人才激勵內部成員。

2. 激勵員工動力

通過適當激勵使個人滿意，產生激勵效應，從而提高個人和組織的效率，這是績效管理的目標之一，而薪酬在這個方面起著決定性的作用。適當的報酬制度也是吸引、激勵與留住人才的重要工具，當員工對薪酬管理的滿意程度愈高，薪酬的激勵效果愈明顯，員工就會更努力工作，於是就會得到更高的薪酬，這是一種正向迴圈；反之，如果員工對薪酬的滿意度較低，則會陷入負向迴圈，長此以往，會造成員工的流失。員工對薪酬管理的滿意度，取決於優渥且彈性的薪資制度，並能公平合理回饋員工對公司的貢獻，是激勵員工提升工作績效持續努力的動力。因此，良好的薪酬制度是會影響企業文化建立。

➢四、績效評估

績效評估是人力資源管理的一大重點，不但扮演衡量員工工作表現的工具角色，更進一步可以激勵與協助員工。因此，當員工被組織任用一段期間之後，就必須要開始按照一定的標準，採用科學、有系統的方法、原理，來評定和測量員工在職務上的工作行為和工作成果。若企業沒有進行績效評估，就沒有辦法將人力資源管理的效果落實。對企業來講，也無法得知員工的工作表現是否符合標準，以及他對公司的貢獻何在，因此企業要定期對員工進行一年兩次定期評估，且須要能將結果回饋給員工，讓他知道個人表現如何，做得好有嘉獎，做得不好的話也能讓員工有所警惕。

（一）績效評估的方法

1. 書面評語

由評估者將受評者的長處、短處、過去績效、潛力、以及需要改進之處加以評估後，以書面敘述的方式來進行描述。

2. 重要事件

評分者對受評員工在評估時，更具體化的列出可辨別的重要工作表現，如獎懲、獨力解決某項危機等，做成日誌記錄。

3. 評等尺度

此法將員工受到考評的績效因素項目列出，訂出一漸增的尺度（如甲等、乙等、丙等、丁等），然後評估者針對各項因素，分別在一個尺度上予以評等定績效，如公務員的考績制度。

4. 行為錨定尺度量表（Behaviorally Anchored Rating Scales, BARS）

將被考核者的工作行為分為數個績效構面，每個構面有各自的評分項目，依據這些評分項目對員工個別的表現進行觀察、考核，並量化評分，算出員工的績效總成績。例如，大學對於教授的評鑑方式則分為四大構面：教學、研究、輔導與服務，每個構面下有各自的項目，針對此四大構面各自項目進行評分動作，以評比出教授的工作表現。

5. 目標管理（Management by Objectives, MBO）

傳統多半由主管負責設定員工的工作目標；但在 MBO 精神下，認為員工才是最瞭解自身工作內容的人，目標應由員工自行設定，再經過主管依據員工的能力狀況進行目標審核，並透過互相溝通與討論以訂定有數字的、可驗證、可衡量且明確清楚的工作目標。例如，臺灣父母通常在面臨小孩的課業要求時，不要只說「你可以做得更好」，這通常會讓小孩不知道目標在哪裡，而是要說「依照你的能力才華，你的成績應該可以達到全班排名十名以內」。

但這「十名以內」的明確目標是要依據小孩子的能力，並與小孩子相互討論與溝通過所訂下的目標。除此之外，主管須在員工執行任務過程中，適時地提供協助，讓員工可以達成個人工作目標。

6. 平衡計分卡（The Balanced Scorecard, BSC）

由 Robert Kaplan 和 David Norton 共同撰寫；平衡計分卡和 MBO 有點類似，主管必須與員工共同討論出員工下年度的工作目標，但強調需要從財務、顧客、內部流程、學習與成長等四個方面，來評估員工工作績效，如下圖所示：

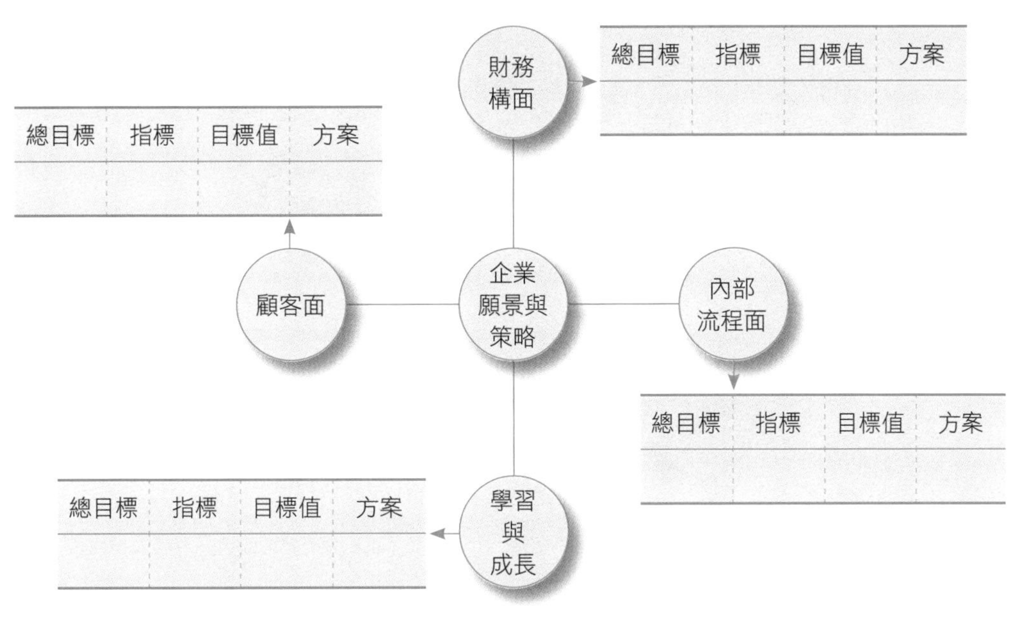

圖 5-1 平衡計分卡

7. 多人比較

又稱「360 度回饋」（360-degree feedback）。最早由美國的典範企業英特爾首先提出，並加以實施的。傳統的績效評估作法是由直屬主管來擔任評估者，但是 360 度回饋卻不單只是由員工的主管來進行，還包括從員工本人、員工的同事、部屬、客戶等多元角度來評估員工績效表現。但由於東西文化差異，再加上臺灣行事風氣保守，也有所謂的紅包文化、人情關說等現象，導致 360 度回饋評估很容易受到人為因素影響，且不具公正性，因此願意在臺灣採行此方法的企業並不多。

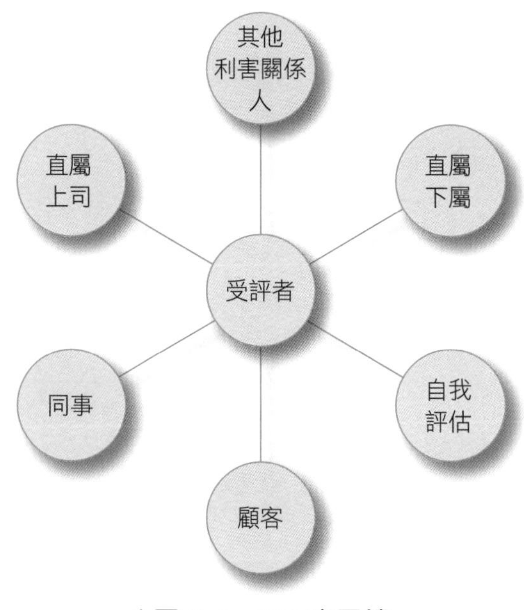

圖 5-2　360 度回饋

（二）績效評估兩個重要的目的

1. 評估（Evaluation），對很多主管來說，依據員工的職責及工作內容進行檢討員工過去一年來的工作績效表現，替員工打考績，做出具體的評價，並決定給予適當的獎酬，需要投入許多心力和全盤的思考。畢竟，一年時間過長，些許主管在評估時，只將注意力放在員工的近期表現，或幾個單獨的重要事件上，而忽略分析員工全年的整體表現，此會造成員工不滿、不服，間接導致績效評估機制的失真，讓員工對企業失去向心力。當身為主管在評估前，應向員工解釋評估的標準、選定這些標準的理由，以及整個評估的過程。主管也應該隨時記錄員工表現，避免評估時缺乏參考資料，以致員工不服評估結果。在實際執行評估績效時，最重要的就是掌握客觀的原則，主管應避免落入以下四種主觀偏見。

(1) 光環效應（Halo Effect）：是一種影響人際知覺的心理現象，當受評者在某些方面表現優異，主評者就會自然而然地與數種正向特徵形成連結，這就是所謂的「以偏概全」主觀印象；簡言之，主管在評定員工的績效時，常藉由其他方面的印象，就會認定他在所有方面都表現不錯。例如，瘋狂追星族會認定自身崇拜的偶像十全十美，即使他（她）的言論或舉止有什麼缺點，也會被淡化了；外表吸引人的女生，也常被人認定與聰明、誠實、可信等方面劃上等號。

(2) 號角效應（Horns Effect）：與上述的光環效應相反，依據員工某一方面的表現結果不好，主管就認為他在其他方面的工作表現必定也會表現不佳。例如，肥胖女生通常會被認定個性很懶惰。

(3) 比較偏見（Contrast Error）：主管在進行評估時，常常會相互比較不同員工之間的工作表現。就以手指頭為例，每個人每隻手都有五根不同長短的手指頭，各自有各自的用途，因此，不能用相同的標準來評論不同的員工績效。企業一般會誤解績效評估的意義，使用相同的標準來評斷不同工作的績效。真正的績效評估是要比較員工個人現在與過去之間的差異，而不是不同個人之間的比較高下。

(4) 仁慈偏見（Leniency Error）：有些主管個性太仁慈，故在評核員工之績效時，通常會給予很高的分數，即使員工工作表現並不如預期，但些許主管為了讓員工心裡比較好過，還是給予不錯的評價，稱讚員工的表現。但這樣子的仁慈偏見可能會造成員工的誤解，員工會以為自己的表現已經夠好了，也達到了主管的期望，才會獲得主管的讚賞，因此，沒有需要改進的地方，也沒有必要做更多的努力。

但績效評估真正目的，是要讓員工確實瞭解自己的工作表現是否有進步或者退步，因此，主管應該要呈現員工的績效評估結果事實。

2. 指導（Coaching），主管就是能透過指導員工完成工作，讓企業達成目標，因此，主管的角色已慢慢轉換為教練的角色，當問題出現時，主管必須提供必要的協助與諮詢，並且明確指導員工如何做。除此之外，主管還可常透過口頭、e-mail、電話、簡訊等形式，關心員工最近的狀況如何，無論員工情況如何，須給予員工回饋，發現有做得好的地方可以立即給予肯定；如果發現員工的狀況不佳需要改進或者員工專長並沒有發揮，主管也要給予回饋，讓員工有改善的機會。

通常，績效管理之所以會發生衝突，是因為員工與主管對於績效考核產生落差，多半是因為當初目標定得不夠清楚明確，或者是員工和主管在定目標時沒有取得共識。為避免這種認知的衝突，主管應該要隨時與員工進行溝通，瞭解員工在執行的過程中是否有遇到任何困難，隨時要給予支援。另外，當主管發覺員工的目標達成情況不如預期時，也要隨時提醒員工，別等到年底，才進行績效評估與檢討，而是應設置「期中討論」制度或者採取在一整年中定期（至少每季一次）和員工進行績效檢討會議，讓員工瞭解哪些部分表現得好、哪些部分則需要改進；或者私底下先跟員工個別詳談，說明績效評估的方式和主管對於該職位的期望。

企業績效管理若做得不好，表現較佳的員工因無法獲得升遷，得不到應有的激勵，感到不平衡，而只好另覓伯樂，因此形成「好的留不住，壞的丟不掉」的劣幣驅逐良幣結果，也就是企業不樂見的反淘汰效果，離職的人會集中在優秀的員工，而表現不佳的員工反而會留在企業。反之，績效管理做得好，企業則能藉由績效評估結果淘汰劣質員工，幫助組織新陳代謝。

➢五、員工關係

有一句話說的好「留人要先留心」，人力資源管理功能中，除了先前提到的招募、訓練、薪酬、績效管理之外，還包含了員工關係（ER）。這裡所提到的員工關係，指的是大至「員工與企業」、小至「員工與員工」之間的關係，無論是哪種關係，企業若能建立起團結合作、和諧的員工關係，以及積極向上的工作環境，都可以達到讓企業內部上級與下級之間、同事之間，甚至於不同部門之間的溝通更加順暢，進而培養和加強員工團隊意識，並可減輕員工的工作壓力。

企業若能建立良好的員工關係，對於企業人力資源穩定性是大有助益，就以馬斯洛的五層金字塔需求理論（如圖 5-3 所示）來探討說明，其實員工在每個不同的時期時，會有不同的需求，當員工在生理需求、安全需求等基本需求時期，「薪資、獎金、福利」對員工而言是相對的重要，因此，此時企業利用加薪或者配股，員工願意留任企業的機會是很高的；一旦，基本層次的需求獲得滿足之後，就會產生較高需求；換言之，當員工滿足了生理與安全需求後，接著就想獲得他人尊重，甚至是實現自我理想的需求，此時，員工最在意的可能就不再是「薪資、獎金、福利」，而是企業內部間的員工關係（ER），而此優良的員工關係會遠遠超過薪資、獎金、福利帶來的效益，且優良的員工關係成本也遠低於這些獎金、福利實際支出成本，因此，如何培養出企業內部優良的員工關係，是人力資源功能中最重要的議題。

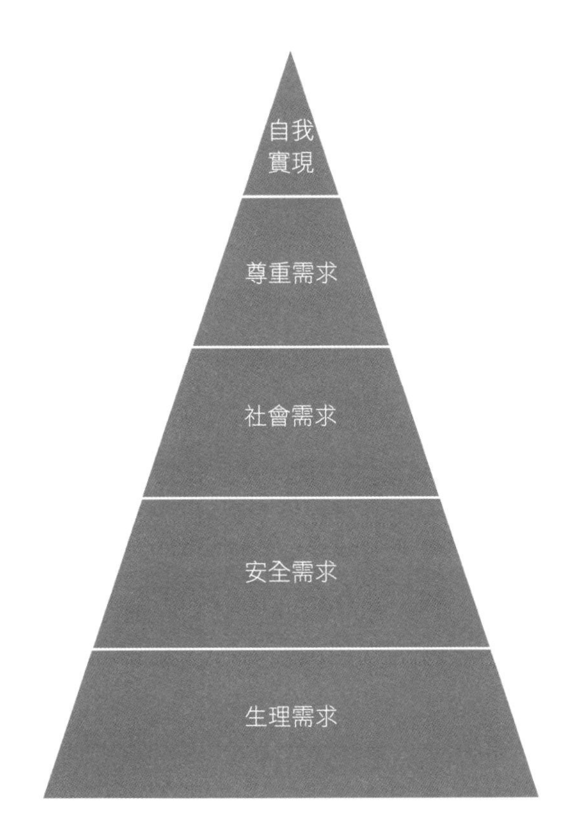

圖 5-3　馬斯洛的五大需求

（一）如何建立一個正向的員工關係

1. 制定明確的政策、規則和工作規範

企業透過制定明確的工作規則，可以讓員工在溝通或者工作協調上有跡可尋，但在制定工作規則時，管理者則需要不斷地與員工進行溝通，才能夠得到員工的支持，避免獨裁式的管理風格。

2. 進行有效的管理

管理者可以通過以下四種管理方式，對員工進行有效的管理：

(1) 管理者應當根據員工能力與專長，來進行工作分配以及員工的工作目標設定：每個人都是獨一無二的，專長與興趣也都不同，企業管理者應讓員工知道企業對他們的期待，如此一來，員工為了證明自己的能力，便會更加積極的工作，因此，企業管理者應要避免不同的員工設定出同樣的工作目標。

(2) 管理者需做好時間管理：企業內部會有積極向上的員工，也有需要隨時鞭策的員工；企業管理者針對優秀員工，若不能好好安排、管理時間，會讓員工認定主管能力不佳，浪費工作時間。就以開會時間而言，通常良好的開會時間是在半小時之內要結束，但有些主管一開起會來，就會喋喋不休，抓不住開會重點，有時開會會拖延到 2 至 3 小時以上，長久的會議會讓員工失去耐心，也會讓注意力下降，反而會讓員工不知道開會重點所在；若是針對較為懶散的員工，企業管理者則要隨時監測以及與員工溝通，以瞭解他們的工作進度。

(3) 管理者要善於做好衝突管理：員工間若有衝突產生，假若管理者沒有妥善處理，會影響到員工的工作情緒，甚至會有一方感到不公平，而影響到企業的績效以及目標的達成。因此，一旦衝突產生，企業管理者便要積極的瞭解衝突發生原因，以及積極與員工溝通，讓員工知道他們的作法應要如何作，才不至於影響到工作進度，且影響到自己的工作績效。

(4) 管理者要重視與離職者面談：這部分通常是企業沒努力去進行的，畢竟人都害怕被批評、批判，但所謂「忠言逆耳」，企業是可以從離職員工那邊得知，為何優秀的員工要離開企業，企業為何留不住員工的真正問題所在，識別出問題後，企業就可以找出解決問題的方法。

3. 招聘合適的員工

招募與甄選合適的人，比建立優良的員工關係更加重要，且節省許多培訓時間，若企業在第一時間，引進不適合企業文化的員工，企業則需要花費一定的時間與金錢把企業的政策、工作規則以及企業文化重新告知新員工，並進而培訓，以免日後該員工與其他員工產生衝突，甚至造成工作績效下降情況，因此，找合適的員工是建立優良員工關係的第一道關卡。

4. 確保良好的溝通機制

一個友善、自由的溝通機制，可以讓企業更快地傳播信息，達到真正意義上有效的溝通，企業也可從員工的反應來對事物作出準確的判斷，同時可瞭解員工的思緒以及心理狀態。所以，溝通不僅是信息傳遞的重要手段，還是建立良好員工關係的主要方法。

案例7 美國 Burt's Bees

美國 Burt's Bees 企業會定期的進行員工調查，瞭解員工不滿，甚至當有員工主動提出問題，該企業會努力去檢討問題，並回饋意見給予員工，讓員工感受到企業對他們的重視程度，也讓員工知道回饋意見如何被採納，如此一來，可以減少員工離職潮，增加員工的向心力。

圖片來源：BURT'S BEES 官網。http://www.burtsbees.com.tw/

5. 公平對待和尊重員工

企業在制定員工獎酬制度時，一定要公平、公正並公開，以示尊重員工。企業內部最害怕的是，企業管理者獎酬自己人（in-group），而對於非自己人則以嚴苛方式來評估其績效，這樣一來，會讓員工發現企業的偏袒。因此，建立正式且公開的獎酬制度，可確保優秀的員工受到獎勵，從而提高工作的積極性。再者，公開的獎勵制度會讓員工更加有自信心，也讓員工滿足其在企業內受人尊重的需求，進而增加員工的滿意度。

➢ 六、組織文化

組織文化是指組織全體成員共同接受的價值觀念、行為準則、團隊意識、思維方式、工作作風、心理預期和團體歸屬感等群體意識的總稱。與時俱進的薪酬設計可以塑造出屬於每個企業不同的文化，且可增強組織的倫理文化。美商惠悅企管顧問公司臺灣分公司副總經理李彥興也曾表明：當企業鼓勵創新，在營運模式、產品及服務上有突破的做法，企業便可透過薪酬制度來鼓勵員工，讓「創新」自然而然的成為組織文化的一部分。

第三節　人力資源規劃的步驟

➢ 一、要瞭解企業的經營目標以及策略，進而去計算達成企業的目標未來所需要人力資源需求，以及目前企業可供給的人力類別；換言之，

要試著將公司的目標轉換成人力資源目標。

➢ 二、評估企業內外部環境

企業所面對的經營環境可分為外在環境（External Environment）與內在環境（Internal Environment）。

（一）外在環境部分可由行政院主計總處或勞委會資料來源得知，瞭解目前勞動市場的供需及素質變化。

（二）企業內在環境人力資源規劃可藉由改變工作方式來進行變更，一般可分為：

1. 部分工時

所謂部分工時工作者，是指工作時間比正常時間顯著減少的勞動者。部分工時一般是以工作小時計算薪資，即時薪制，每做一個小時多少錢，有做有錢拿，沒做沒錢拿。

2. 彈性工時

除核心工作時間外，勞工可依自己的需要並在雇主同意下自行調整上下班時間，有別於傳統工時朝九晚五的固定上下班時間，同時可以避開通勤時間的交通尖峰時段。

案例 8 臺灣滙豐銀行

臺灣滙豐銀行連續二年榮獲《天下雜誌》主辦的「天下企業公民獎」的肯定，其中一項是該企業落實彈性工時制度，從 2011 年至 2012 年間，已有超過 150 位匯豐員工受惠於彈性工時方案，讓銀行員工能依照家庭需求安排自我上班時間，例如遲緩兒媽媽運用彈性工時，每天四點半下班帶小朋友做復健、上課，不用犧牲掉工作及收入。

3. 變形工時

依臺灣勞基法的規定，在工作總時數不變的原則下，雇主在經過工會或勞工半數以上同意後，可改變勞工每日正常工作時間，將某一日的工時分配於其他工作日，但週期以八週為限，變形工時也有一定的限制，不是老闆個人「想變就變，隨時可變」，以免勞工發生過勞情況。

4. 壓縮工時

即將員工一段期間的工作時數，可以壓縮在較短的天數，以便留下較長的休假日，例如：一週原本要五個工作天，共 40 小時，現在壓縮到每天工作 10 小時，且於四天完成，員工休假日也可以延長成三天。

➢ 三、分析現有人力供給

分析現有人力供給，是在評估企業現有人力資源的數量與品質。人力資源供給的來源，主要包括兩部分：(一) 組織外部的人力資源供給來源以及 (二) 組織內部的人力資源供給來源。

表 5-3 人力資源供給管道來源

(一) 組織外部的人力資源供給來源管道	(二) 組織內部的人力資源供給來源管道
1. 員工推薦人才 2. 刊登廣告 3. 公營就業機構 4. 人力公司 5. 協會及工會 6. 醫師、會計師公會 7. 校園招募 8. 獎學金、建教合作、校園徵才 9. 刊登廣告	1. 升遷 2. 調職 3. 工作輪調 4. 重新僱用 5. 遣退召回

➢ 四、預測未來人力需求

可運用各種預測方法來估算未來可能需要的人力需求量，包括：

(一) 管理估計

主管根據過去工作經驗以及評估未來景氣，對未來企業全體員工的需求進行估算及預測。科技界的模範生、網路設備大廠思科（Cisco）的執行長錢伯斯（John Chambers）預期，全球資訊科技設備與服務需求將不如預期樂觀，2013 年下一季（8～10 月）營收雖可能會成長大約 3～5%，但由於市場前景不佳，因此錢伯斯宣布，將從下一季開始，全球裁員 4,000 人，大約是現有員工總數的 5%。

（二）德菲爾技術

通常由各部門主管組成專門委員會，在會議中向所有專家提出所要預測的問題及有關要求，由委員自行評估需求，如：材料、資料等，然後，由專家提出自己的預測意見，做書面答覆，彙整資料者需將各位專家第一次判斷意見進行匯總，製作成圖表，以進行比對，再次將各專家的分析資料以匿名方式分發給每位專家，讓專家比較自己和他人的不同意見，以進行修改自己的意見和判斷，直到所有專家達到共識為止。

（三）遠景方案分析

利用腦力激盪方法，由直線經理與人力資源主管圍在一起，依企業發展規劃提出各自的見解，從而產生很多的新觀點或者是問題解決方法，然後再將每個人的見解重新分類整理，以此預測發展出未來五年或更長的遠景方案。

（四）時間序列分析

係指統計資料按發生時間先後的順序予以排列，並從中觀察其變動的趨勢。

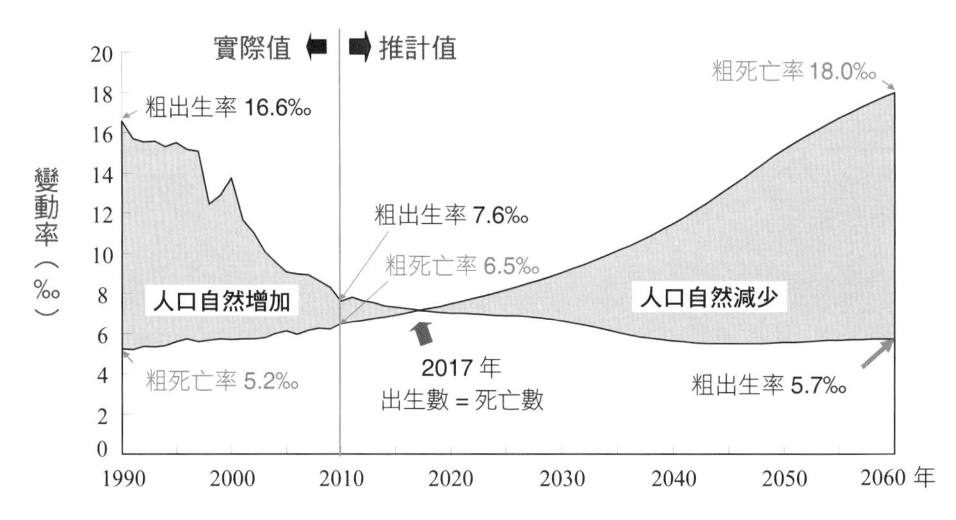

資料來源：張舒婷、張雅鈞。高齡少子化趨勢對成人教育之影響與因應。國立臺灣師範大學工業教育學系。http://society.nhu.edu.tw/e-j/99/A1.htm。

圖 5-4 臺灣出生率、死亡率及自然增加率變動趨勢－中推計

（五）比率分析

將員工數與一些工作量指數做直接比對，來預估所需的人員數目。近年來，由於臺灣生育率降低，社會人口結構改變，衝擊到的就是學校學生來源的減少，學校規模的變小，因此，對於教師人力需求則會降低。

（六）迴歸分析

係指經由自變數的變化，來推估應變數變化情形的統計方法，可以分簡單迴歸（Simple Regression）或多元迴歸（Multiple Regression）。

➢ 五、發展執行方案

根據企業人力需求與供給量進行評估，一般會有三種情況產生：

（一）需求與供給量平衡。

（二）人力資源需求量大於企業供給量，此時就是所謂的企業產生人力資源短缺，企業為了解決此問題，能以下列幾個方案來解決：

1. 僱用派遣 / 約聘人員
2. 採用公司間人力資源相互支援
3. 延長退休人員的年齡
4. 僱用外籍勞工
5. 培養多能工
6. 超時工作
7. 外包

（三）人力資源需求量小於企業供給量，此時企業人力多於需求的量，為了節省人力成本，企業可採以下幾個方式來解決人力過剩問題，讓組織進行所謂的瘦身：

1. 減低薪資

利用減低薪資，迫使員工自動離職。

2. 提前退休計畫

IBM 為壓縮成本，2012 年提出「漸進式」提前退休計畫後，只要是符合一定條件的員工，需在 2013 年底或更早辦理退休，以此方式斷尾求生。

3. 遇缺不補

企業對未來景氣若無明顯看好，即使目前人力不足，也會寧可採取遇缺不補，因此，增加人事成本的機率自然不高，避免日後的訂單減少、營收銳減。

案例 9　少子化、大學遇缺不補

國立空中大學招生人數逐年下滑，2012 年較 2011 年已減少一千五百多人，在學雜費收入大幅縮減下，預算出現赤字，缺口達 4,000 萬元，校長張○○表示，學生數的確造成財務衝擊，但不論正式或約聘，絕不任意裁撤，而以「遇缺不補」或「內部調整職缺」等方式替代。

4. 強迫休假 / 無薪休假

要求員工放假在家，無須上班，但也不給薪，藉此方式來節省薪水開支。

案例 10　華銳風電科技強迫員工休假

華銳風電科技（集團）股份有限公司，是中國第一家自主開發、設計、製造和銷售適應全球不同風資源和環境條件的大型陸地、海上和潮間帶風電機組的專業化高新技術企業。面對低迷的市場、銳減的訂單，從 2012 年 11 月 19 日開始，華銳風電科技集團股份有限公司，以開工不足或已停產理由，要求相關崗位正式執行停工，員工因此被迫強制休假，每月僅領取 1,080 元人民幣，當作基本生活費，不過，該通知並未交代何時復工。

5. 在不減薪的情況下，雇主要求增加工作時間

臺灣人的工作時間一向在全球排名是名列前茅，主要因素是亞洲企業喜好將加班當成是員工「努力」與否的評斷項目之一，導致員工不管工作效率好壞都要加班；再加上，臺灣企業浮濫的工作責任制，雖然「名目」上，每日工作 8 小時，但實質工時卻是 10 多小時。根據主計總處與勞委會資料，2012 年全臺勞工平均工時達 2,140.8 小時，僅次於新加坡 2,402.4 小時、香港 2,392.0 小時，排名全球第 3，但薪資卻倒退回十六年前水準，位居亞洲四小龍之末。

6. 提供進修

企業可以藉由補助學費或者留職停薪方式，讓企業員工進修，以減少人力需求。

7. 將派遣 / 約聘人員解僱

為了節省人事成本，以及更彈性地運用人力，愈來愈多企業喜歡採用約聘模式僱用員工。在以往錯誤觀念裡，約聘人員就是簽約而已，契約約定僱用時間到，除非相關單位願意繼續聘請，那就需要續約，但假若契約期限到了，相關單位不想續約，約聘人員就是失業。不過，多了勞基法保障，雖然企業內部會自行區分「正式員工」與「約聘員工」，但是只要為企業所僱用，企業其實不能隨意解僱約聘員工。

生活小常識

因為根據勞基法第 9 條規定，所謂的定期契約，只限定於臨時性、短期性、季節性及特定性工作。

1.「臨時性工作」係指無法預期之非繼續性工作，其工作期間在六個月以內者。
2.「短期性工作」係指可預期於六個月內完成之非繼續性工作。
3.「季節性工作」係指受季節性原料、材料來源或市場銷售影響之非繼續性工作，其工作期間在九個月以內者。
4.「特定性工作」係指可在特定期間完成之非繼續性工作，但其工作期間超過一年者，應報請主管機關核備。

除了上述四種以外，其餘的約聘員工工作若屬於繼續性質，不符合上述情形，雖然是一年一聘，但仍屬於勞基法的不定期契約。在不定期契約的架構下，除非雇主有勞基法第 11 條的法定事由，例如雇主歇業、轉讓、或對所擔任之工作勞工的確沒有能力勝任等，否則企業是不能任意解聘員工的；換言之，企業若強行解聘，員工也有權向企業要求資遣費。

案例 11 違法資遣「派遣工」

臺灣某知名手機公司因應產業波動劇烈，進行季節性產能調整，公司與第三方派遣公司合作，由派遣公司派員至手機公司進行勞動服務，但在 2012 年 7 月突然以一封簡訊告知其中一百多位的派遣員工被解僱，該知名手機公司對外表示，是因為與派遣公司到期不續約。但卻在解僱之餘，另一方面，該知名手機公司又透過派遣公司及人力銀行大量招募派遣員工。此事件桃園縣政府已介入調查違法事實責任屬派遣公司還是該知名手機公司？最後，勞委會將做出懲處，最高可處 30 萬元罰款。

因應臺灣派遣勞工就業機會，勞委會宣布 2012 年 10 月 25 日起，企業若需要進行裁員，則必須按照「先裁外勞才能裁本勞」的順序，此原則將擴大適用於派遣員工。換言之，企業裁員須符合「外勞、派遣、本勞」之先後順序，廠商要資遣派遣員工，須先徵詢是否願意從事外勞的工作，若派遣員工有意願，資方則不得拒絕。

請問，身為企業管理人，若企業面臨裁員，您該如何進行裁員？

課後探討：薪資慘退十六年？江宜樺：縮工時、提勞退等於加薪 16.5%

行政院長江宜樺 2013 年 9 月 26 日說明，薪水不能只看名目上的數字，畢竟從 2001 年 1 月起法定工時由每週 48 小時縮減為每二週 84 小時；對雇主來說，縮減的工時相當於為勞工調升 12.5% 的薪資；江宜樺還談到，2005 年 7 月起實施勞退新制，規定企業雇主每月需提撥月薪 6% 以上的勞工退休金，比原來最低提撥率 2%，共增加了 4 個百分點，對雇主而言這部分相當於調薪 4%。除了這兩項「隱性的實質增加」，他也強調，政府會繼續努力，讓民眾「名目」上薪資成長。

問題：請針對以上行政院長江宜樺的隱性實質加薪言論，提出您的看法。

第六章

研發管理

以往我國製造業以代工為主，臺灣負責接單代工，強調品質控管，臺灣此時主要還是以組裝、生產等代工業務為主，至於研發部分則倚賴外國企業，即為早期俗稱的「代工製造」（OEM）。在過去OEM時代，負責接單代工的廠商為了爭取更多的訂單，廠商的策略多半與增進生產效率有關，極盡所能降低生產成本、改進良率為主。

案例 1　孟加拉成衣業血汗工廠

孟加拉成衣業是全球第3大成衣製造國，僅次於中國大陸和印度，孟加拉有多達4,500家製衣廠，大約每年有400萬名成衣工人，專門替知名歐美品牌代工做衣服，每年至少幫孟加拉創造200億美元收入。

2013年5月孟加拉發生樓塌意外的大樓，裡面擠了好幾家成衣工廠，大多為英國平價潮牌PRIMARK的代工廠，代工廠為了追求低成本的生產優勢，壓榨勞工在狹小的車間裡又裁又縫，人力空間、時間通通壓縮到最極致，甚至也大量僱用童工，在國際間惡名昭彰，在惡劣環境中工作的勞工，平均時薪只有6元臺幣。

圖片來源：全球財經週報官網。
http://www.chinatimes.com/newspapers/%E3%80%8A%E5%85%A8%E7%90%83%E8%B2%A1%E7%B6%93%E5%91%A8%E5%A0%B1%EF%BC%8F%E6%9D%B1%E5%8D%97%E4%BA%9E%E3%80%8B%E8%AE%93%E5%B7%A5%E5%BB%A0%E4%B8%8D%E5%86%8D%E8%A1%80%E6%B1%97-20130519000171-260209

隨著中國與東南亞國家的崛起，臺灣在製造代工上不再具有成本低廉優勢，許多企業轉型開始經營自有品牌，定位開始轉型，研發部門成為臺灣企業勝出的關鍵，漸漸演進為「設計代工」（ODM）和「自有品牌」（OBM）。

案例 2 臺灣之光——STRiDA 折疊腳踏車

圖片來源：永祺車業股份有限公司官網。

除了兩大龍頭巨大工業（捷安特）和美利達外，永祺車業（Ming Cycle）是臺灣前 5 大自行車製造廠，永祺以代工起家，永祺車業在全球擁有三座工廠、年產能逾 200 萬輛，除合作代工歐美知名品牌車種，也積極發展自有品牌 STRiDA，從 OEM 做到 OBM。

永祺車業發展自有品牌 STRiDA，只要一個鋁合金大三角架，10 秒內能完成收折；踏板向後踩踏，即可變速和轉彎。車身使用航太級鋁合金，總重不到 4 公斤，大約相當 2 台輕薄筆電的重量，可別小看這台腳踏車，它可是也能橫渡撒哈拉沙漠。除了是代步的交通工具，它流利的車體、車型，也變身為樂活的時尚精品。

第一節　企業研發的意義及重要性

一、研究發展意義與重要性

研究發展（Research and Development，簡稱 R&D），在企業界，研究是一種通用的詞彙，意指新的科學或利用既有的知識從產品概念到生產出產品的一連串活動。例如，智慧型手機的研發讓手機不再只是撥打電話、接聽電話以及傳簡訊等功能而已，還可以安裝或者自行移除軟體程式，甚至，可以自行寫入自己開發的程式。

二、研發類別劃分

企業研發一般指產品研發與技術研發兩部分。

（一）產品研發

技術≠產品，顧客需要的是「產品」，無論是使用現有的技術或者是新的技術製造出真正符合客戶需求的產品，供使用者使用，此即為產品研發。

案例 3 華碩 PadFone

如同華碩先前提出 PadFone 新產品，此產品是結合智慧型手機與平板電腦 2 合 1 特性，可讓消費者不再需要於智慧型手機與平板電腦之間進行枯燥乏味的資料同步處理作業，可讓上述兩項裝置的資料皆可隨時保持在最新狀態。

圖片來源：華碩網站。http://shop.asus.com/store/asustw/zh_TW/pd/ThemeID.31533000/productID.283154000/categoryID.65633000

一般產業大致上可區分為兩類：一為製造業，另一產業則為服務業。製造業的產品是屬於較為實體面，但服務業提供的並非僅是實體東西，即使是眼睛無法看到的、無形的服務都可以列為產品；換言之，以服務業而言，即使只是提供新的服務流程，也是屬於產品研發部分。

案例 4 福容大飯店連鎖集團透過平板電腦為客人點餐

福容大飯店連鎖集團淡水漁人碼頭服務人員透過平板電腦為客人點餐，當顧客對於餐點內容、品項有疑問時，服務人員便能透過平板電腦螢幕立即顯示照片或其他說明文字，讓顧客更加清楚與瞭解，這樣一來，透過平板電腦點餐、確認餐點，並通知廚房的程序一指完成，可加快對客人的服務速度，同時也可讓原本的多個步驟流程濃縮到單一步驟，當作業流程減少就可以降低中間發生錯誤的機率，如人為因素造成點餐錯誤等。

圖片來源：福容大飯店網頁。http://www.fullon-hotels.com.tw/?Psn=6423

（二）技術研發

根據消費者需求，企業研發人員著手開始採用新的或現有的原物料，利用新的或適當的技術方式或者工作流程，將新產品的概念設計轉換到實際產品。

案例5 飛行車

圖片來源：http://coolpile.com/rides-magazine/terrafugia-transition-flying-car/

1985年上映「回到未來」電影，在描述一個大學生 Marty McFly 搭乘由 Brown 博士發明的時光車，穿越時空到過去與未來世界的種種冒險故事，電影當中有令人印象深刻的東西：飛行滑板、飛行車、自動烘乾的衣服等。而擁有飛行車可能已不再是白日夢，Terrafugia Transition 公司讓飛行車的概念夢想成真，且也在2012年成功試飛，預計讓飛行車 Transition 在2015年開始販售，目前定價為美金27.9萬元。

案例6 臺灣美科實業有限公司走出不同的美髮產品

圖片來源：http://www.aromase.com.tw/ar/index.php

臺灣美科實業有限公司總經理陳○○先生（個資法要求，不得公告全名）表示，該公司從以往的ODM（委託產品設計與製造）到建立自我專業美髮沙龍品牌「艾瑪絲（Aromase）」，主張「頭皮與頭髮分開清潔護理」，除了強調使用天然的成分護理頭皮與頭髮，更重視清潔護理過程中 Ph 的平衡，目的在於創造頭髮健康的環境，以及最佳的頭皮養護及髮絲護理效果。艾瑪絲（Aromase）研發製造有四大堅持：

1. 堅持不添加「矽靈滑順劑」： 洗髮精若添加矽靈，則會讓頭髮變得柔順，但長期使用下來卻導致頭髮被矽靈覆蓋，影響頭髮健康，導致頭皮毛孔阻塞 ，易產生毛囊阻塞、養分供需失調的現象，髮質反而變差。
2. 不添加「人工化學色」：化學色料雖會讓產品外觀鮮豔漂亮，但卻容易使皮膚敏感。
3. 不添加「SLS 合成界面活化劑」。
4. 不添加「含藥成分」，避免產生抗藥性。

陳總經理也提及若沒有繼續提升技術，企業並無法提升自我，僅能原地踏步，因此，他努力鑽研各種原料的特性，每周至少花費40至50小時投入研發技術，經過不斷實驗修正，進行產品改良。

事實上，產品研發和技術研發有密切連結關係。技術研發往往對應於產品或者著眼於產品創新，因此，新技術的誕生，往往可以帶來全新的產品；而新的產品構想，往往需要新的技術才能實現。鑑於兩者的緊密關係，不少企業將產品研發和技術研發合為一體。如，友達光電也表明該企業在 TFT-LCD 產業能夠居於領先，歸功於對研發的重視和執著，而友達光電在研發上持續改善製造技術，包括簡化製程、高度自動化以及減少零組件等，以提高生產效率、增加產能，更能增進產品品質。由此可知，技術與產品是無法明確分割。

總結一句，企業要在競爭市場中求得生存，不僅在技術的高低上拼生死，更在於創新成果商品化的速度，愈能快速將產品進行更新，提供最新的技術產品，愈能在市場上占有一席之地。企業研發存在的意義以及其重要性，大致可規劃成三方面：

➢一、提升獲利能力

➢二、永續生存

➢三、適應新的經營環境

第二節　研發管理

隨著全球化競爭與資訊科技的應用，各產業產品生命週期不斷被壓縮，使得新產品是否能「及時量產」、「及時上市」與「及時變現」等三個最關鍵因素，決定企業的生存。

管理大師湯姆・彼得斯（Tom Peters）所言：「速度就是生命！」企業應要比競爭對手更加快速，且有效地完成特定的新技術或產品開發，否則只能等著瓦解。而所謂的有效地開發符合規格與消費者需求的新產品，須具備三大要件：

➢一、品質（Q）

在研發產品階段，研發人員要隨時與市場調查人員作好溝通，確定產品的樣式與性能的設計以及消費者所要求的品質，在研發階段即做好產品品質工作，就可以大幅減少後續品質問題之發生，更加可以縮減後續的加工程序或者避免重工。

➢ 二、成本（C）

研發成本是指研究開發一項技術所付出的全部費用。產品研發需要花費大量資金，一份新產品企劃案一旦被同意執行，將會牽動企業許多資源與成本。設計出的產品性能以及品質除了必須符合客戶所需求的，研發人員還要注意到成本問題，一旦成本太高、功能太過，對客戶而言亦是非常沉重的負擔，因此，管控並降低新產品成本是必要的手段也是重要議題。當然，在成本預算控制之內的前提下，若能給予顧客所需的產品，還能提供其他額外的功能，這對顧客而言，是求之不得。

➢ 三、時間（T）

一般來說，第一個推出新產品的企業大多可以占領七到八成的市場占有率，後續進入者就只能瓜分剩下的市場。

從產品概念設計、雛形建構、產品量產到上市，企業研發團隊必須通過時間（T）、成本（C）與品質（Q）方面的各種限制與挑戰，然而，新產品研發經常遭遇許多的瓶頸與風險衝擊，導致研發計畫經常發生變更，影響人力以及物料設備等資源調度，嚴重時更造成重工，衝擊研發時間、成本與品質。因此，身為企業經理人或者是企業的研發管理人員主要職責如下所示：

（一）找尋並規劃市場未來主流產品之核心技術。

（二）隨時評估與改進產品、製造與資訊技術。

（三）對於前述兩項使命的達成，同時致力於成本的降低。

（四）維持與提升企業內部技術開發能力。

第三節　研發實力評估

研究發展部分，可分為六項評估的重點來進行：

➢一、技術面

（一）關鍵技術

企業是否擁有某項關鍵技術、與其他競爭者相較之下的技術領先程度，或具有系統整合能力，如：Sony 擅長於 AMOLED 技術、友達光電最先進的關鍵技術有機發光二極體（OLED）等。

（二）智慧財產權強度

智慧財產權對於實務上創新的保障及價值的創造，其重要性與日俱增，因此，企業的智慧財產權強度包括具有廣泛與關鍵的專利、智慧財產權的保護能力，如下案例：

案例 7　永祺車業股份有限公司研發的「STRiDA」折疊自行車

永祺自有品牌「STRiDA」折疊自行車，STRiDA EVO 3 段內變速系統包括結構、花鼓、變速器、立管等已取得全世界專利，整台自行車的專利權超過七項，因此，2013 年一口氣拿下「2013 臺灣精品獎」及 2013 年臺北國際自行車展「創新獎」的肯定，於 2013 年 4 月一舉拿下臺灣精品銀質獎，研發實力備受肯定。

圖片來源：永祺車業官網。http://www.strida.com/tw/products/?method=listing&sid=27

（三）產品推出（開發）的速度與產品的先進程度、完整度

在面對大量客製化的時代，顧客的需求愈來愈多變，產品的生命週期則愈來愈短。若企業無法在其他競爭者前搶先商機，推出最新的產品以滿足消費者的需求，其市場占有率可能會受到其他競爭者的搶攻。

案例 8 蘋果面臨的威脅

圖片來源：Apple 官網。http://www.apple.com/ipad-air/

根據 Canalys 調查得知，全球智慧型手機、筆記型電腦及平板電腦的出貨量在 2013 年第一季已達到 3.08 億，其中智慧型手機約 2.1 億支、筆記型電腦約 5 千萬台，平板電腦約 4 千萬台，由於 Google 與 Amazon 所領軍的平板市場，讓平板電腦商品化的速度比過去個人電腦商品化還要更快，相較之下，雖然蘋果在平板市場中仍占了 46.4%，共出貨約 1,940 萬台，不過與 2012 年第一季的蘋果市占率高達 58% 相較之下，蘋果的年成長率卻比其他公司少了約 60%，因此，若蘋果再不推出全面創新的產品，或是更符合當今使用者需求的行動裝置，蘋果的市占率只會不斷下滑，且在短時間內就會被超越。

➢ 二、研發策略面

(一) 完整的研發策略，並與公司的策略相結合。

案例 9 Amazon

圖片來源：Amazon 官網。http://www.amazon.com/

亞馬遜公司 (Amazon) 是一家總部位於美國西雅圖的跨國電子商務企業。1995 年，一開始只經營網路的書籍銷售業務，俗稱的網路書店，不久之後商品走向多元化，例如這幾年積極推出的 Kindle 電子書，結合 Amazon 的電子書內容，加速發展創新應用服務平台，建立起完整的產業價值。

（二）因應產業技術的變化，須定期進行科技技術的預測工作。

案例 10 農業革命——用光電 LED 種菜

圖片來源：東森新聞。

臺灣人稠地小，且目前農作業為講究蔬果外觀品質，都以農藥進行噴灑，除去病蟲害，相較之下，人類也暴露在農藥的危害之下，長久下來，人類身體會不堪負荷，因此，陳○○先生（個資法要求，不得公告全名）是 LED 廠的主人，靠著發明專利，募資 4,000 萬元創業，年營收超過 4 億元，他以現代設施監控環境，不使用太陽光，只使用 LED 人工光源進行定期、定品質、定量之作物生產，使蔬菜等植物可進行全年、計畫性的生產，也可免去農藥對環境以及身體健康的迫害。

➢三、流程面

（一）研發工作技術性、創新性的本質並非是例行性工作，在時間、財務、人力和其他限制條件，是具備任務「暫時性」、「唯一性」與「逐步完善」等三項特性的任務，因此，研究發展建議須在技術規劃的整體架構下，以專案的方式來運作。

（二）知識管理制度與運作，可規劃為二個部分：「重要專案文件庫」與「典範專案知識庫」。

1.「重要專案文件庫」放置所有過去的專案及目前進行的專案，讓專案群組的工作成員，建立專案中所有相關的知識，及有系統的分類、快速查詢。有一個功能完整的知識庫，是公司傳承的重要資料。
2.「典範專案知識庫」則是放置歷年來績效較佳的專案或執行較為成功的專案。

（三）智慧財產權管理制度與運作，此包含正式的專利申請制度、獎勵專利創新、進行專利分析與專利布局、相關營業祕密保護措施等。

生活小常識

著作權法第 51 條規定：「供個人或家庭為非營利之目的，在合理範圍內，得利用圖書館及非供公眾使用之機器重製已公開發表之著作。」以非供公眾使用之燒錄機燒錄音樂 CD，供自己於家中使用，如果在合理範圍內，並不構成侵害著作權，如超過合理範圍或於辦公室播放，則不符該條文規定，構成侵害著作權。

(四)清楚的技術移轉。所謂「技術移轉」，就是由技術提供者或者技術擁有者透過簽訂技術移轉合約的方式，對技術需用者或技術接受者根據約定，提供技術、機器設備、技術資料、製程資料或其他資訊與服務，使技術需用者或技術接受者能夠據以實施該等技術。

臺灣工研院於 2000 年成立技術移轉與服務中心（簡稱技轉中心），結合技術、專利、法務、投資、管理等專長，組成專業服務團隊，從事有關智權加值、知識服務及新事業的推動業務。工研院於 2011 年共技術移轉了 598 項，帶動廠商投資 1,058 項次，金額約新臺幣 278 億元。

(五)研發單位每年訂有年度計畫與明確的預算編列，並據以實施。經濟部主計總處 2013 年公布，針對上市櫃科技業公司在 2012 年總投入研發經費情形，以半導體龍頭台積電 388 億元蟬聯冠軍，研發費用占營收比率 7.8%，年增 22.8%，其次為宏達電 138 億元及聯發科 131 億元。

➢四、運作環境面

(一)創造適合研發的組織氣氛，例如，鼓勵研發小組創新與提出不同意見、小組運作、資訊分享、彈性工作。

案例11 李長榮化工強調創新

1965年成立至今將近半世紀的李長榮化工，於石化工業原料領域經營已經超過四十年，是臺灣老牌的化工廠商，李○○董事長導入「設計思考」（Design Thinking）流程，強調創新，並鼓勵所有員工，積極提出各種創新想法，企業也建立起容許員工創新失敗，不能任意抹殺點子，並接受員工犯錯的文化。

圖片來源：李長榮化工官網。http://www.lcy.com.tw/tc/t-p4-she2.asp

（二）研發單位與各單位的互動關係良好，包括與人力資源、製造生產、行銷業務、財務會計、資訊等部門間的互動。

（三）研發單位各項實驗設備充足，且有專人負責操作，維護與校正。

（四）輔助研發工作的相關軟、硬體設備充足，且充分供研發人員使用。

（五）公司內、外部的網路與e-mail系統充足，可有效促進技術資料的傳播。

（六）研發計畫管理可藉由電腦軟體的應用，隨時輕易掌握專案最新狀況（進度、品質、成本），並能快速做成各種模擬變動，以便做最佳化的調整與控制。

➢五、人力資源管理運作面

（一）公司研發單位的組織分工明確。

（二）研發單位的人員進用、培訓、分工、升遷、績效考核制度完整且運作良好。

（三）研發人員專長完整，人員充足。

案例 12　大宇資訊

圖片來源：大宇資訊官網。

在遊戲軟體界素有「北霸天」稱號的大宇資訊，是臺灣第一家專門從事中文電腦遊戲研發的公司。在最早的 APPLE2 時代，那時的大宇，就只有李〇〇夫婦（個資法要求，不得公告全名）與會計 3 人，再加上蔡〇〇先生（個資法要求，不得公告全名）和另一位學生課餘兼差為大宇開發遊戲，當時，電腦記憶體容量小，程式較為簡單，因此從遊戲企劃、音樂製作到程式撰寫，都能靠大宇幾位員工就可以摸索完成，接下來，大宇資訊只要找到發行商，讓遊戲上市就不是主要問題。但現今遊戲程式複雜，已經不是幾個人就可以完成整套遊戲。就以大宇資訊研發《軒轅劍》遊戲來談，《軒轅劍》第一代時，只有蔡〇〇先生（個資法要求，不得公告全名）、郭〇〇先生（個資法要求，不得公告全名）和一位企劃就可以完成遊戲製作；現在已到了《軒轅劍》第四代，則總共需要動員 50 名研發人員，而這 50 名研發人員的背景並非全來自於資訊科系，有念中文的、美術的、機械的，因此，蔡〇〇先生（個資法要求，不得公告全名）發現領導遊戲研發團隊最大的挑戰，來自於每一個工作範圍之間繁雜的溝通協調，溝通反而是最花時間的事。

第四節　研究發展的績效評估

由於研發工作是企業人員運用其知識與腦力所研究出來的工作成果，其是具遞延的特性，屬企業的無形資產，因無形特性，故很難用具體指標直接衡量。因此，研發績效評估應利用一連串科學方法與精神的運用，來作重要的價值判斷。畢竟，一個好的研發績效衡量系統，不僅有助於瞭解企業所投入研發經費回收的情況，同時可幫助研發單位對研發策略目標的再檢討，以符合企業組織目標。

➢ 一、績效評估目的

績效考核是激勵員工達成目標的重要手段，但研發單位卻無法用其他單位的績效評估方式來進行績效衡量指標，主要是由於研發工作存在許多不確定性，以及難以明確且客觀量化的績效指標，研發單位的績效評估應以研發創新成果及長期經濟效益來探討，但此兩部分的研發績效管理卻是最難以處理以及進行衡量的事務。一般而言，企業管理者在進行研發績效管理時經常遇到以下問題：

（一）如何將研發的工作進行分解、量化，以便進行個人績效評估？

（二）不能量化的技術工作要如何進行考核？

（三）研發內部如何針對不同的職位（部門主管、專案經理、員工……）進行分類的考核？

（四）在績效目標設定過程中，研發部門主管如何與員工進行溝通？

（五）考核結果回饋的過程中，管理者用何種方式將考核結果及時回饋給員工，並與員工進行溝通，以避免員工不滿或者認定有黑箱作業產生，同時可將此考核結果列為員工的改進工作？

藉由釐清以上問題，可以幫助企業管理者運用適當的績效評估方式來激勵員工，讓員工能達到目標，也能幫助企業達到整體組織規劃目標。總結，適當的考核方式可以達到以下目標：

1. 對研發人員實施科學、合理、公正的考核，讓企業有更加客觀、有效的績效評估方法，以減少或消除部屬之考核不公的抱怨。
2. 幫助企業建立更有效的研發績效評估制度與流程，有助提升研發士氣，進而提升企業整體之研發成果。
3. 從系統化的研發績效評估中，企業能獲得正確的研發人力資源資訊，作為企業更有效研發人力發展之規劃參考，如：對於績效佳之研發同仁要有效激勵、獎賞，讓企業能達到人盡其才；相對於績效不佳員工，亦能適當處置，如：降職、轉調其他單位等。

➢ 二、績效評估的流程步驟

考核的流程通常包括績效目標設定、績效評價、績效反饋與溝通、績效改進等環節，循環進行。

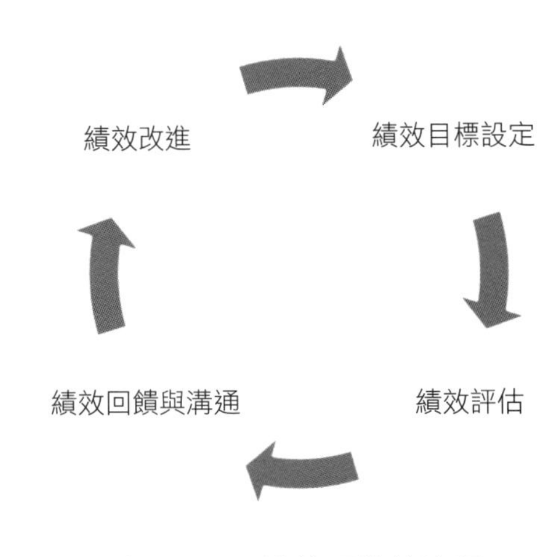

圖 6-1　績效評估的流程

（一）設定績效目標

對研發人員來說，業績目標由專案團隊目標分解到個人目標，且在設定目標時，必須要依據研發人員能力以及專業要求，並盡可能結合個人興趣來制定個人目標。

1. 設定個人目標

研發團隊的績效管理必須從「職能設計」開始，一開始須設定出研發人員的角色與職能的分析，以及每一種角色達成研發團隊績效指標所需的工作項目、目標，以及知識與技能，如此一來，才能準確設定出個人目標；簡言之，就是要將團隊的目標分解為個人目標。

2. SMART 原則

即當企業主管要幫員工設定目標時，目標設定要符合以下幾個要點：

(1) 具體化（Specific）：即目標的範圍是明確的，目標設定不要太抽象。
(2) 可衡量（Measurable）：目標不能只是停留在思想上的口號或空話，而是可以用明確數據來衡量，如下年度的營業額要達到 5 億新臺幣。
(3) 可達到（Attainable）：目標設定應當是依據員工能力來設定，確定員工可以實現此目標，而不是理想化。如果目標難度訂得太高或是好高騖遠，無法實現，那麼，它不但沒有指導意義，還會引起員工的反彈。
(4) 合理的（Reasonable）：亦即必須考量到將任務目標交付執行的人時，除了必須考量其執行能力，還要考慮到員工在執行過程所需的資源是否充足。若此目標讓員工感受到主管交付的目標是不合理的要求，則會讓員工降低其執行意願。

(5) 有時間限定（Time-based）：目標應當有清楚的完成期限限制，時間壓力能使員工按照工作進度，進行資源分配和自行掌握執行內容，如此主管才能定期的檢驗成果並追蹤執行的進度。

如，一般臺灣家長要幫小孩設定學期目標時，不要只說「要認真」、「要比上次好」等，這些只是模糊的目標，應該要直接設定目標為「分數要 90 分以上」或「班名次第三名內」等明確目標，可以量化來表示。再者，家長在設定目標時，應該要依據小孩子的能力來設定，不要設定一個達不到的目標，如全球第一名等目標。

3. 目標數量適中原則

目標不要太多，最多 6 ～ 8 個。

（二）績效評估

產品的研究開發過程可說是一項歷時漫長的工作，很少會是幾天或者幾個月就能研發上市，因此，對研發人員的考核週期相對其他職務來說，是比較長；一般而言，企業主管可以根據專案週期來訂定，但最長以不超過一年為限。

針對研發人員的成果進行考核人選，一般建議可由主管評估、員工自評和綜合評分三部分結合。

1. 主管評估

由該員工的部門經理對員工的工作進行評估，主要對該研發人員在過去一定時期內所從事的任務，按照績效標準對績效考核的各項指標進行考評。

2. 員工自評

員工可就過去一定時間內實現的工作內容以及能力目標，自行進行自評。員工自己做過哪些工作內容，自己最清楚，畢竟主管人員要管理的人可能達到 5 ～ 8 人以上，若沒有平時紀錄，主管很難去詳細記憶每個員工的工作目標以及工作內容等。

3. 綜合評分

根據以上所述的研發人員自評以及部門主管評估的兩項得分進行分數加權，以得出該研發人員績效評分，這可以較為客觀地反映該員工本年度內的績效。

（三）績效回饋與溝通

績效進行考核後，最困難的部分就是主管以何種方式將結果告知員工，若一旦採取錯誤的方式或者讓員工無法感受到主管的關切。例如一家企業的研發副總做年度績效評估時，看了一名工程師的考核後，嚴肅地說：「你的績效報告不及格」，兩個月後該名工程師離職了。後來經過其他員工的口述後，得知他離職的原因僅是研發副總的一句批評。可見，績效的溝通、輔導及反饋十分重要。

主管除了在考核後，要與員工好好進行溝通，讓員工瞭解其考核的結果，主管應在整個績效考核的過程積極與員工溝通，而非只是在某個時點、某個環節上交換信息。溝通的時間點可劃分為三個時段點：

1. 在績效目標的設定時間點

研發部門主管要與研發人員進行溝通，讓員工明白部門目標，幫助他們根據部門目標分解並確立員工自我個人目標。

2. 在設定考核指標時間點

企業主管應該和研發部門的主管以及研發人員，共同進行討論考核指標和標準的確定，獲取績效受評人的認同。

3. 在績效評估結束後時間點

企業主管要把考核結果及時告知回饋給員工知道，並與員工進行溝通，以避免黑箱操作，同時有利於員工改進工作。

（四）績效改進指導

企業主管應將績效評價結果告知並回饋給員工，主要是要協助員工分析績效不足的原因，並協助員工尋求提高其工作績效的辦法，並制定下一階段的績效改進目標、個人發展目標和相應的行動計畫；反之，如果企業主管只在於告知結果，而沒有進行績效改進和提高的指導，這就會失去績效改進的意義。

➢三、研發人員績效評估方法

（一）書面評語

由評估者將受評者的長處、短處、過去績效、潛力，以及需要改進之處加以評估後，以書面敘述的方式來進行描述。

（二）重要事件

評分者對受評員工在評估時，更具體化的列出可辨別的重要工作表現，如獎懲、獨力解決某項危機等，做成日誌記錄。如，彰化地檢署檢察官鄭〇〇先生（個資法要求，不得公告全名）和葉〇〇先生（個資法要求，不得公告全名）揭發大統油品添加的「銅葉綠素」會危害肝、腎功能等事件。

（三）評等尺度

此法將員工受到考評的績效因素項目列出，訂出一漸增的尺度（如甲等、乙等、丙等、丁等），然後評估者為受評者針對各項因素，決定一個等第，如公務員的考績制度。

（四）多人比較法

又稱「360 度回饋」（360-degree feedback）。最早由美國的典範企業英特爾首先提出並加以實施的。傳統的績效評估作法是由直屬主管來擔任評估者，但是 360 度回饋卻不單只是由員工的主管來進行，還包括從員工本人、員工的同事、部屬、客戶等多元角度來評估員工績效表現。但由於東西文化差異，再加上臺灣行事風氣保守，也有所謂的紅包文化、人情關說等現象，導致 360 度回饋評估很容易受到人為因素影響，且不具公正性，因此願意在臺灣採行此方法的企業並不多。

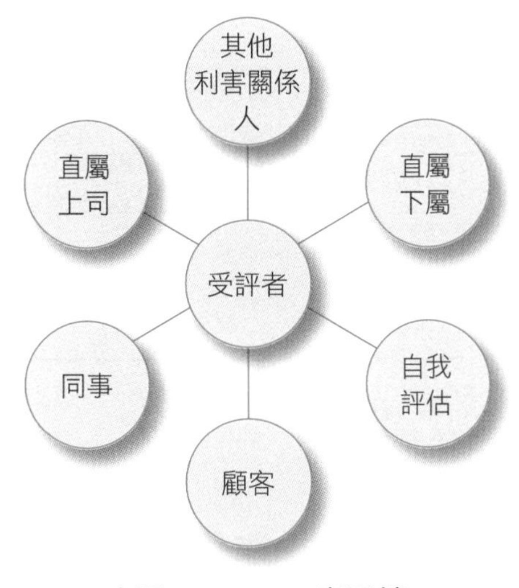

圖 6-2　360 度回饋

（五）行為錨定尺度量表（Behaviorally Anchored Rating Scales, BARS）

將被考核者的工作行為分為數個績效構面，每個構面有各自的評分項目，依據這些評分項目對員工個別的表現進行觀察、考核，並量化評分，算出員工的績效總成績。

範例：大學教授評鑑四大構面

大學對於教授的評鑑方式，則分為四大構面：教學、研究、輔導與服務，每個構面下有各自的項目，針對此四大構面各自項目進行評分動作，以評比出教授的工作表現。

XX 科技大學____學年度教師【教學】成績評分表

姓名		單位		職稱	

評鑑項目		權值：40 %	初評	佐證資料	系(所)教評會核符/不符	學院(中心)教評會核符/不符
一般指標	TA1	如期上網登錄「教學準備」各項資料。(不符者扣 2 分/項)	教務單位	—	□ -___	□ -___
	TA2	如期上網登錄學生缺課紀錄。(不符者扣 2 分/次)	學務單位	—	□ -___	□ -___
	TA3	如期登錄「期中預警評量」及學期成績。(進修學院及進修專校除外，不符者扣 2 分/科)	教資中心	—	□ -___	□ -___
	TA4	無更改學生學期成績。(不符者扣 2 分/人次)	教務單位	—	□ -___	□ -___
	TA5	教學滿意度問卷調查平均評量值≧3.5。(每 0.1 加/扣 0.1 分/學期)	教務單位	—	□ -___	□ -___
	TA6	參加全校性及所屬單位指定之重要教學研習、教師成長(至少 4 小時)活動或研討會至少累積 16 小時。(不符者扣 0.5 分/小時)	教務/直屬	—	□ -___	□ -___
	TA7	參加校外教學類研習活動至少 8 小時。(不符者扣 0.5 分/小時)	教務/直屬		□ -___	□ -___
	TA8	無缺課、遲到、早退、私自調課紀錄。(不符者扣 2 分/次)	教務單位	—	□ -___	□ -___
	TA9	完成指導學生畢業論文、專題製作或其他有關教學之技術報告。(每組加 1 分，最多 3 分；拒絕或未指導者扣 5 分/學年；新設系所學生尚未修習相關課程者除外)	直屬主管	—	□ ±___	□ ±___
	TA10	其他在教學方面，有優異表現或不當情事，由直屬單位主管評定，最多加/扣 10 分。(簡述加/扣分事實)	直屬主管		□ ±___	□ ±___
		小計=50 分+加分−扣分				
績效指標	TB1	指導學生執行國科會大專生專題計畫，每案加 25 分/n 人。最多 25 分。	教師自評		□ ±___	□ ±___
	TB2	指導學生獲得國外專利，每件加 30 分/n 人；國內發明專利，每件加 25 分/n 人；國內新型專利，每件加 20 分/n 人；國內新式樣專利，每件加 15 分/n 人。最多 50 分。	教師自評		□ ±___	□ ±___
	TB3	協助系(科)爭取學生校外實習 320 小時，每生加 1 分；完成實習輔導工作，每生加 1 分。最多 30 分。	教師自評		□ ±___	□ ±___
	TB4	輔導學生參加國外競賽獲獎或展演者，每件加 30 分/n 人，最多 60 分；全國競賽獲獎或展演者，每件加 25 分/n 人，最多 50 分；跨縣市區域性競賽獲獎或展演者，每件加 20 分/n 人，最多 40 分；校內舉辦之競賽獲獎或展演者，每件加 15 分/n 人，最多 30 分。	教師自評		□ ±___	□ ±___
	TB5	輔導學生考取乙級以上或國際證照者，每生加 3 分/n 人。最多 45 分。	教師自評		□ ±___	□ ±___
	TB6	編撰符合系(科)、所及中心之核心能力及指標之教材，經本校教學資源中心送校外專家學者審查合格且有從事實際教學之事實者，每案加 30 分，最多 60 分。(若有兩位以上作者，第一位作者得分佔 100%、第二位作者得分佔 75%、第三位作者得分佔 50%，第四位作者以後者得分佔 30%)	教師自評		□ ±___	□ ±___
	TB7	教師於評鑑期間取得符合系(科)、所及中心核心能力指標之乙級以上或國際證照每張加 10 分。最多 20 分。	教師自評		□ ±___	□ ±___
	TB8	協助執行教育部或政府機關補助教學改進計畫且有績效者，每件加 20 分/n 人。	教師自評		□ ±___	□ ±___
		小計				

※教學項目權重：40%。
※【一般指標】最低 0 分，最高 60 分；【績效指標】最低 0 分，最高 100 分。
※原始得分＝【一般指標】＋【績效指標】；超過 100 分者，以 100 分計。
※績效指標之加分事蹟，以本校相關系統登錄資料為準，未登錄者不予計分。

原始得分：____________（由教評會填寫）權值得分：____________（由教評會填寫）

系（所）教評會召集人簽章：____________ 學院（中心）教評會召集人簽章：____________

100.04.27 校務會議修正

XX科技大學____學年度教師【研究】成績評分表

姓名		單位		職稱	

		評鑑項目 權值：______%	初評	佐證資料	系(所)教評會 核符/不符	學院(中心) 教評會 核符/不符
一般指標	RA1	參加全校性及所屬單位指定之重要學術活動或研討會。(不符者每次扣2分)	直屬主管	—	☐ -___	☐ -___
	RA2	參加校外研究類學術活動至少8小時。(不符者每小時扣0.5分)	研發/直屬	—	☐ -___	☐ -___
	RA3	其他在研究或協助系所爭取各項計畫方面，有優異表現或不當情事，由直屬單位主管評定，最高可加/扣分15分。(簡述加/扣分事實)	直屬主管		☐ ±___	☐ ±___
		小計＝40分＋加分－扣分				
績效指標	RB1	獲得國科會專題計畫50萬元以下，主持人每案加40分，共同主持人每案20分；50萬以上，每增加50萬主持人增加20分，共同主持人增加10分，超過但不足50萬依比例加分。協同主持人每案加10分，最多20分。	教師自評		☐ ±___	☐ ±___
	RB2	獲政府機關計畫，50萬元以下，主持人每案加30分，共同主持人每案加15分；50萬以上，每增加50萬主持人增加15分，共同主持人增加8分，超過但不足50萬依比例加分。協同主持人每案加5分，最多15分。	教師自評		☐ ±___	☐ ±___
	RB3	獲民間產業計畫，每案≧30萬元，主持人加30分，共同主持人加15分；30萬元>每案≧10萬元，主持人加20分，共同主持人加5分；10萬>每案≧5萬元，主持人加5分。	教師自評		☐ ±___	☐ ±___
	RB4	協助政府機關計畫執行，表現優異且經計畫主持人認可者，每案加5分/人。最多15分。	教師自評		☐ ±___	☐ ±___
	RB5	獲國外發明專利，每件加30分；國內發明專利，每件加25分；國內新型專利，每件加20分；國內新式樣專利，每件加15分。(若有兩位以上作者，第一位作者得分佔100%、第二位作者得分佔75%、第三位作者得分佔50%，第四位作者以後者得分佔30%)	教師自評		☐ ±___	☐ ±___
	RB6	實質技術移轉給產業界且學校有淨收益者，學校收益期間，每案每年加100分；學校無淨收益者，每案加30分。(若有兩位以上作者，第一位作者得分佔100%、第二位作者得分佔75%、第三位作者得分佔50%，第四位作者以後者得分佔30%)	教師自評		☐ ±___	☐ ±___
	RB7	SCI/SSCI/EI/TSSCI/THCICORE期刊論文每篇加40分；國內、外期刊論文每篇加30分；國外研討會論文每篇25分；國內研討會或學報論文每篇20分；國外技術報告每篇加20分；國內技術報告每篇加10分。(若有兩位以上作者，第一位作者或通訊作者得分佔100%、第二位作者得分佔75%、第三位作者得分佔30%，第四位作者以後者得分佔10%)	教師自評		☐ ±___	☐ ±___
	RB8	著作專書，經出版社出版且有書籍編碼者，自出版年度起連續3年計分，每本第1年最高加25分，第2年最高加15分，第3年最高加10分。(若有兩位以上作者，第一位作者得分佔100%、第二位作者得分佔75%、第三位作者得分佔30%，第四位作者以後者得分佔10%)	教師自評		☐ ±___	☐ ±___
	RB9	藝術類個人展演，每項全國性(全國售票或巡迴展演北、中、南區至少各一場次)加40分，區域性加20分，地區性加10分；聯合展演，每項全國性(全國售票或巡迴展演北、中、南區至少各一場次)加20分，區域性加10分，地區性加5分。每人最多40分。	教師自評		☐ ±___	☐ ±___
	RB10	論文、作品、研究成果國外獲獎：金牌加30分，銀牌加25分，銅牌加20分；國內獲獎：金牌加25分，銀牌加20分，銅牌加15分。(若有兩位以上作者，第一位作者得分佔100%、第二位作者得分佔75%、第三位作者得分佔50%，第四位作者以後者得分佔30%)	教師自評		☐ ±___	☐ ±___
		小計				

※研究項目權重：10－40%(教師應於自評時，在權重欄內填入權重值)。

※【一般指標】最低0分，最高55分；【績效指標】最低0分，最高100分。

※原始得分＝【一般指標】＋【績效指標】；超過100分者，以100分計。

※績效指標之加分事蹟，以本校相關系統登錄資料為準，未登錄者不予計分。

原始得分：____________(由教評會填寫)權值得分：____________(由教評會填寫)

系(所)教評會召集人簽章：____________ 學院(中心)教評會召集人簽章：____________

100.04.27校務會議修正

XX 科技大學____學年度教師【服務】成績評分表

姓名		單位		職稱	

評鑑項目		權值：____%	初評	佐證資料	系(所)教評會核符/不符	學院(中心)教評會核符/不符
一般指標	SA1	各類請假日數合於「服務規則」規定。(不符者依規定執行扣分)	人事室	—	□ -___	□ -___
	SA2	每週留校日數合於教師聘約規定。(不符者扣2分/次)	人事室	—	□ -___	□ -___
	SA3	其他在服務方面，有優異表現或不當情事，由直屬單位主管評定，最多加/扣20分。(簡述加/扣分事實)	直屬主管	—	□ ±___	□ ±___
		小計＝50分＋加分－扣分				
績效指標	SB1	招收學生就讀本校且完成註冊，有具體佐證資料經系所招生會議認可者，日間部四年制每生加10分；研究所及日間部二年制每生加6分；進修部四年制每生加6分；進修部及進修學院(專校)二年制每生加4分。最多70分。	教師自評		□ ±___	□ ±___
	SB2	擔任政府機構、民間團體等等各類專業組織之委員、理監事或其他職務者，每年加5分。最多10分。	教師自評		□ ±___	□ ±___
	SB3	受邀至政府機構、民間團體、大專校院（含本校）及產業界等做專業演講或評審者，每場次加5分。最多10分。	教師自評		□ ±___	□ ±___
	SB4	受邀擔任產業界專業技術顧問者，每案加5分。最多10分。	教師自評		□ ±___	□ ±___
	SB5	擔任國外期刊、研討會、學報及技術報告等論文審查委員，或研究所學位論文口試委員，每篇加10分；國內期刊、研討會、學報及技術報告等論文審查委員，每篇加5分。最多20分。	教師自評		□ ±___	□ ±___
	SB6	參與技專校院統一入學測驗試務工作且未有違失情況者，加10分/次。	教師自評		□ ±___	□ ±___
	SB7	規劃推廣教育班成功開班，每生加1分。最多20分。	教師自評		□ ±___	□ ±___
	SB8	協助推廣教育非學分班及校內學分班招生，每生加2分。最多20分。	教師自評		□ ±___	□ ±___
		小計				

※服務項目權重：10－30%（教師應於自評時，在權重欄內填入權重值）。

※【一般指標】最低0分，最高70分；【績效指標】最低0分，最高100分。

※原始得分＝【一般指標】＋【績效指標】；超過100分者，以100分計。

※績效指標之加分事蹟，以本校相關系統登錄資料為準，未登錄者不予計分。

原始得分：____________（由教評會填寫）權值得分：____________（由教評會填寫）

系（所）教評會召集人簽章：____________ 學院（中心）教評會召集人簽章：____________

100.04.27 校務會議修正

XX科技大學____學年度教師【輔導】成績評分表

姓名		單位		職稱			
評鑑項目		權值：______%		初評	佐證資料頁碼	系(所)教評會核符/不符	學院(中心)教評會核符/不符
一般指標	CA1	「師生互動」時間安排合於規定。(不符者扣2分/學期)		人事室	—	□ -___	□ -___
	CA2	參加全校性及所屬單位指定之重要學務、輔導活動或研討會。(不符者扣2分/次)		學務/直屬	—	□ -___	□ -___
	CA3	擔任導師者，確實執行本校導師制度所訂導師職責及學務處規定(不符者扣2分/學期)。		學務/直屬	—	□ -___	□ -___
	CA4	擔任學生社團或團體指導老師，按時出席社團輔導活動。(不符者扣2分/次)		學務/直屬	—	□ -___	□ -___
	CA5	其他在學務、教務或輔導方面，有優異表現或不當情事，由直屬單位主管評定，最多可加/扣15分。(簡述加/扣分事實)		直屬主管	—	□ -___	□ -___
	小計＝45分＋加分－扣分						
績效指標	CB1	輔導學生完成撰寫選課地圖或學生學習計畫，每生加1分。最多20分。		教師自評		□ ±___	□ ±___
	CB2	輔導學習成效不佳之學生且有實際績效者，每生加2分。最多20分。		教師自評		□ ±___	□ ±___
	CB3	輔導學生安心就讀，使該班前年度學生流失率低於3%者(但輔導大一新生班級者以流失率低於3.5%計)，每少0.1%加1分。最多30分。		教師自評		□ ±___	□ ±___
	CB4	輔導社團或各類學生團體，對外表演或服務等等活動，爭取學校曝光率者，每案加10分。最多30分。		教師自評		□ ±___	□ ±___
	CB5	輔導學生並延續完成學年度學生學習歷程檔案(e-Portfolio)紀錄者，每生加1分。最多20分。		教師自評		□ ±___	□ ±___
	CB6	擔任導師者，每學年度每班加5分。最多15分。		教師自評		□ ±___	□ ±___
	CB7	擔任校內各社團或學生團體輔導教師者，每學年度每團體加5分。最多10分。		教師自評		□ ±___	□ ±___
	小計						

※輔導項目權重：10－20%(教師應於自評時，在權重欄內填入權重值)。

※【一般指標】最低0分，最高60分；【績效指標】最低0分，最高100分。

※原始得分＝【一般指標】＋【績效指標】；超過100分者，以100分計。

※績效指標之加分事蹟，以本校相關系統登錄資料為準，未登錄者不予計分。

原始得分：____________（由教評會填寫）權值得分：____________（由教評會填寫）

系（所）教評會召集人簽章：____________ 學院（中心）教評會召集人簽章：____________

100.04.27校務會議修正

（六）目標管理（Management by Objectives, MBO）

傳統多半由主管負責設定員工的工作目標；但在 MBO 精神下，認為員工才是最瞭解自身工作內容的人，目標應由員工自行設定，再經過主管依據員工的能力狀況進行目標審核，並透過互相溝通與討論來訂定有數字的、可驗證、可衡量且明確清楚的工作目標。

例如，臺灣父母通常在面臨小孩的課業要求時，不要只說「你可以做得更好。」這通常會讓小孩不知道目標在哪裡，而要說「依照你的能力才華，你成績應該可以達到全班排名十名以內」。但這「十名以內」的明確目標是要依據小孩子的能力，並與小孩子相互討論與溝通過所訂下的目標。

除此之外，主管須在員工執行任務過程中，適時地提供協助，讓員工可以達成個人工作目標。

（七）平衡計分卡（The Balanced Scorecard, BSC）

由 Robert Kaplan 和 David Norton 共同撰寫；平衡計分卡和 MBO 有點類似，主管必須與員工共同討論出員工下年度的工作目標，但強調需要從財務、顧客、內部流程、學習與成長等四個方面來評估員工工作績效，如下圖所示。

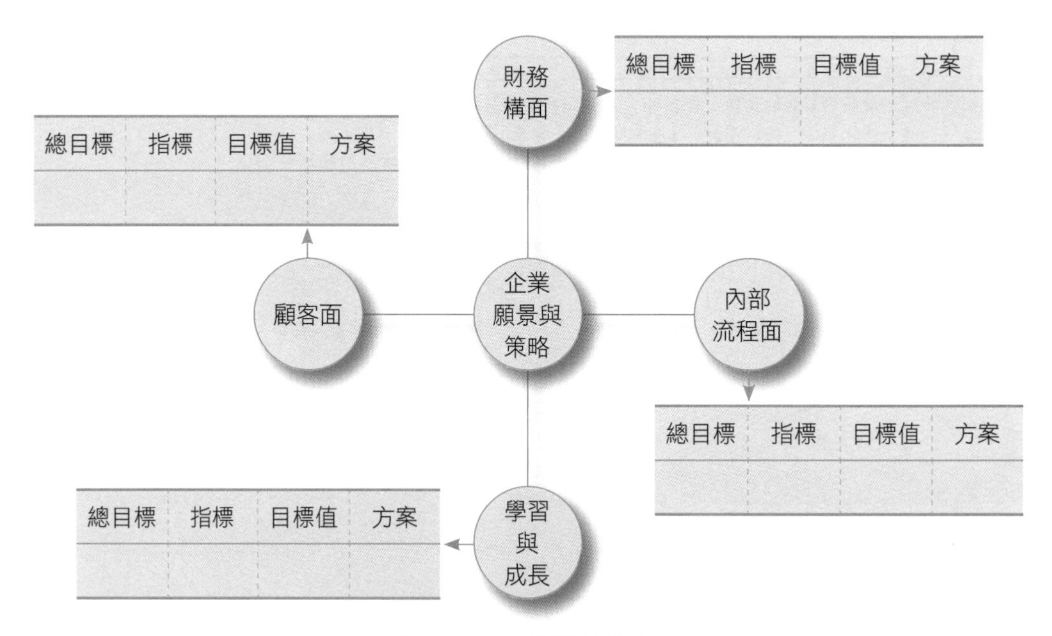

圖 6-3　平衡計分卡

第五節　研究發展的控管

研究發展一項產品動輒數百萬，甚至到數億都有可能，但為何企業家們還是投入大筆金錢與時間於研發上，最主要的目的就如上述所說的，提升獲利能力以確保企業的永續生存。但研發單位最令人擔憂的就是內部出現管理不當，造成研發成果外流，一旦成果外流，辛苦研發出來的產品可能在還沒上市前，被競爭對手抄襲，讓企業失去商機。

企業商業機密被盜，嚴重可能損害企業的競爭能力，甚至失去市場占有優勢，而蒙受損失、倒閉。研發單位要如何去防治研究成果的外漏，有幾個方法：

➢一、明確的準則

企業務必與會接觸到商業機密的現職員工約法三章，簽訂商業機密保密條款，即使是臨時人員、工讀生、約聘人員，只要有可能接觸到營業祕密，亦應簽訂保密契約。同理，公司也應當有清楚的準則來規定，何項資訊屬於不得洩漏的機密文件。同時，有些企業為了要防止離職員工將舊雇主的商業機密告知新東家，也會要求在職員工簽訂「競業禁止」，此條款是限制並禁止員工在本企業任職期間同時兼職於業務競爭單位，限制並禁止員工在離職後從事與本企業競爭的業務，如：遊戲米果。

➢二、加強員工的法律知識

教導員工洩密和背信等法律常識，同時，也要讓員工知道在臺灣，「營業秘密法」隸屬於刑法，洩密等同於違反刑法的嚴重性。

➢三、培養員工的忠誠度與共識

要守住公司的祕密唯有靠忠心的員工，否則內賊難防，再加上現在有各式各樣的高科技儲存設備，如：光碟、隨身碟、手機、平板電腦等，員工只要將資料拷貝到微小儲存設備內，然後帶出公司，防不勝防。因此，唯有培養員工對企業的忠誠度，否則難以防範類似案件發生。

➢四、成立監督小組

由研發單位人員組成一個監督小組，隨時監督夥伴的一舉一動，當有可疑行為出現，就可以舉報上屬機關。

課後討論：臺灣某知名手機廠商商業機密洩密案

臺灣某知名手機廠商原本就內憂外患不斷，因為產品策略失當，外部競爭已然落居下風，現在甚至是內部管理也出了大紕漏——2013年9月初，該手機廠商爆發設計部門主管疑似涉嫌詐領設計費、盜取下半年未上市新手機「新介面」的營業機密給中國大陸，讓營運不振的該手機廠商再度陷入危機中。

假若有人願意出面舉發，發現即將離職的首席設計師兼副總簡○○先生（個資法要求，不得公告全名）、處長吳○○先生（個資法要求，不得公告全名），涉嫌將該手機廠商最高商業機密帶到大陸與廠商會面，並多次進出大陸其他沒有該手機廠商子公司的省分，或許該手機廠商的商業機密就不會如此嚴重外流。

請問，假若您身為該手機廠商領導者，您要如何去防範商業機密被盜？

第七章

財務管理

MANAGEMENT

企業管理概論與實務

THEORY AND PRACTICE

第一節　財務管理的意義與目標

財務管理結合了經濟學和會計學的理論，主要目的為協助企業釐定資本投資策略，籌措資金及有效地運用公司可用的資金進行投資，此將影響公司的利潤與未來公司營運發展。在財務管理的領域中，可大略分為三大面：

1. 公司理財：主要涉及公司實際的管理運作所會遇到的財務問題。
2. 投資學：即個人及金融機構如何選擇證券，來形成投資組合的決策分析。
3. 金融市場：探討證券市場與金融機構的相關議題，可分為貨幣市場和資本市場。

本章節主要將重點置於公司理財部分，探討管理者如何以最低的融資成本以及在低風險的狀況下，幫助企業獲得營業上所需的資金，使企業組織的營運產生最大利潤。管理者重視的財務管理功能分為：

1. 利潤最大化：透過財務決策方法，將短期或長期之利潤達到最大化。
2. 風險控制：適度舉債有助於企業報酬提高，倘若財務管理無法將槓桿作用發揮得當，企業將很容易遭遇不利狀況並產生虧損。
3. 資金管理：管理者必須根據公司的政策，來管理及掌握現金來源以及財務調度彈性，使能如期支付即將到期款項，以維持企業的流動性與償債能力，進而健全公司的財務結構。

第二節　營運資金管理

企業的投資活動分為兩類：一是維持日常營運的經常性投資，又稱為營運資金；另一是實現長期策略規劃所進行的資本投資。

➢一、營運資金

所謂的營運資金談的就是流動資產與流動負債之間的變動情況；簡言之，營運資金＝流動資產－流動負債，重視的是公司日常的營運活動所需的資金。流動資產代表公司短期內具有變現能力的資產額度，企業擁有的流動資產則包括現金、有價證券、存貨和應收帳款，這部分的資產轉換成現金的流動性較高，但其報酬則相對較低。除了考量企業的資金獲得來源外，還需要考量的是企業一年內所需償還的負債，也就是所謂的流動負債。流動負債則是指短期內公司必須償還的金額，包括短期借款、應付帳款及一年內到期的長期負債等，流動負債的利率較低，但企業必須籌足款額在短期內償還，以確保企業的財務狀況。

1. 營運資金為正（流動資產 > 流動負債），代表公司的流動性足以負擔短期債務清償所需。
2. 營運資金為負（流動資產 < 流動負債），代表流動資產變現能力不足以應付短期債務。

（一）流動資產的管理

1. 現金管理

所謂現金，係指庫存現鈔、零用金、即期支票，及銀行存款等。企業持有現金主要的原因有四種：

(1) 交易性動機：企業為了組織日常生產經營活動營運順暢，必須保持一定數額的現金餘額，可支應一般日常支出或者商業交易需要，例如：用於購買原材料、支付工資、繳納水電費等。
(2) 預防性動機：公司為了應付不時之需與意外財務狀況而持有現金的動機。
(3) 補償性動機：若要求將借款金額的一部分回存，限制動用，有所謂的安全性餘額的概念存在。
(4) 投機性動機：是指企業為了抓各種瞬間即逝的市場機會，獲取較大的利益而準備的現金餘額。

2. 有價證券的管理

所謂有價證券，證券本身只是一張紙張，沒有價值，其主要是虛擬資本存在的一種形式，用於證明持有人對特定財產擁有所有權或債權的憑證，且持有人能在短期內能夠以接近於市價而被賣掉的證券。當公司內的現金餘額超過法律上規定的補償性餘額和其營業上的需要時，企業即可將多餘的資金投資於短期有價證券上，以收取短期性利息、股息收入或者是轉讓收益。一般有價證券的種類有國庫券、銀行承兌匯票、可轉讓定期存單以及商業本票。有價證券的特徵，包括：

(1) 期限性：債券代表了債權、債務關係，因此有明確的約定還本付息期限。

(2) 收益性：證券代表的是持有人對某種特定資產的所有權或債權，同時擁有取得這部分資產增值收益的權利，如：紅利、股利以及轉讓收益等，因而證券本身具有收益性。

(3) 流動性：又稱變現性，是指證券持有人在不造成資金損失的前提下，以承兌證券、貼現、或者轉讓方式換取現金。

(4) 風險性任何一種投資都是有風險的，股票投資或者證券投資也不例外。若證券投資實際收益與預期收益產生背離狀況，此風險稍小，但證券持有人面臨到預期投資收益不能實現，甚至連本金也可能會無法收回的損失，則此風險較大。一般從整體而言，證券的風險與其收益成正比。通常情況下，風險愈大的證券，投資者要求的預期收益愈高；風險愈小的證券，預期收益愈低。

3. 應收帳款管理

主要業務往來經營而對顧客所產生的債權資產，如賒銷商品或提供勞務。收帳時間拉長後，帳款回收速度愈慢，資金凍結時間愈長，不確定因素隨之增加，財務風險發生的機率將益形增加，例如客戶突發性的倒閉或者客戶換票後發生跳票等，再者，企業將須增加營運週轉金來支應企業日常生活所需資金。

4. 存貨管理

在存貨管理的重點上，原料存貨需配合生產線的需要，保持適當的存貨水準；假若生產線有過多的半成品零組件，或者倉庫有過多的存貨，將造成過多的資金積壓，影響資金週轉與浪費倉儲容量；若過少的存貨造成停工待料或喪失銷售機會，極易導致財務損失，故在經營活動上均應採取必要的措施加強管理。

（二）中長期資產的管理

各類中長期資產的管理，中長期資產的管理係指對使用期限在一年或一個營業週期以上之資產的管理。一般而言，中長期資產可分為：

1. 有形長期資產（固定資產）

指有實物形態的東西，例如土地、建築物或機器設備等。

(1) 需折舊的固定資產，包括使用壽命有限的房屋和設備等 。

(2) 土地，唯一不需要折舊的長期資產是土地，它的使用壽命是無限的。

2. 無形資產

在較長的時間內能為企業經營所用，但其沒有實物形態存在且是歸類於非流動性資產的法定權利，例如專利、智慧財產權、商標、專營權和商譽等。

(1) 專利權：發明者發明或創作出一種新的物品或方法，可向國家專利註冊機構註冊專利權後，政府有關部門則會授權給與發明人在一定期限內生產、銷售或以其他方式獨家使用發明的排他權利。

個案 1 飄逸杯

沈○○在南投仁愛鄉擁有十二公頃的高山茶園，種茶賣茶，顧客常反映泡茶不便，茶葉在茶壺裡，不是擠在一起無法展開，就是泡到走味，於是沈○○先生自學機械製圖技術，自行設計便利的泡茶器具，在二十多年前就發明「飄逸杯」，其只用簡單的槓桿原理，配合一顆小鋼珠，就能教水流控制自如，這個從設計、製圖、樣品、試做、模具到開發完成，全由沈○○一手包辦的茶杯曾榮獲1998年美國匹茲堡國際發明展總冠軍，在三十五個國家一千二百多件發明中，勇奪食品飲料器具類金牌等四面獎牌。現在一個月全球行銷十萬個。

圖片來源：http://www.taiwanfruit.com.tw/ecommerce/a-c-c-a/1000cc.cfm

2011 年埔里鎮公所採購一千六百八十個疑似仿冒的「飄逸杯」當作教師節禮品，但由於招標時，招標廠商並無提供參考的樣品包裝，內容物也沒有「飄逸杯」幾字，直到禮品送至教師手上，才發現紙盒上有「飄逸沖茶杯」。沈○○先生為了維護自身商標權益，採取法律行動，鎮公所的行為構成違反公平交易法，也捲入商標侵權爭議。

(2) 商標權：是商標專用權的簡稱，是指商標使用人依法對某類商品所使用的特定詞語、名稱或圖案商標享有的使用權利。

個案 2　莊頭北商標拍賣，臺灣櫻花公司得標

熱水器知名品牌「莊頭北」，從日據時代承製日商川本組等建設公司給水銅器起家，是臺灣最老字號的熱水器廠商，由於投資中國大陸失利，積欠上億元債務，頻遭黑道登門討債，加上商標權遭到經銷商疑似以假債權、偽造文書方式取得，2008 年 11 月底「莊頭北」商標被拍賣，由競爭對手臺灣櫻花公司得標。然而莊頭北認為法拍程序有許多瑕疵，已於 11 月 27 日向臺灣高等法院提出抗告，請求撤銷違法拍賣，將「莊頭北」商標權歸還莊頭北公司。

除了委請律師提出抗告外，莊頭北公司另一方面也規劃再自創另一熱水器新品牌，東山再起。據莊頭北公司表示，過去曾經委託評估「莊頭北」商標價值，約達 6 億元臺幣，不過臺灣櫻花公司得標金額僅 7,850 萬元，顯然有很大落差。

「莊頭北」熱水器最初專門代工製造日商川本組等建設公司的給水銅器，後來才擴大產品線，開始生產熱水器、臉盆、馬桶等衛浴設備。為了避免市場混亂，莊頭北公司認為身為龍頭，有義務出面讓市場回歸競爭秩序，但是否繼續用「莊頭北」商標操作品牌，則在繼續評估當中。

就整個市場而言，因為臺灣櫻花公司的市場占有率本來就高達 40%，現在臺灣櫻花公司又得標取得「莊頭北」商標，即使莊頭北在 2008 年已經遭林內熱水器擠到第三名，但臺灣櫻花加上莊頭北，仍然可能壟斷市場，對消費者而言，這才是攸關荷包的關鍵問題。

資料來源：連邦國際專利商標事務所。http://www.tsailee.com/news_show.aspx?cid=3&id=153

(3) 特許經營權：有權利當局授予個人或法人在一定區域內，經營或銷售某種特定商標產品的專有權利。

個案 3　阿嬤的古早味香菇茶葉蛋

位在日月潭玄光寺碼頭旁，以魚池鄉特產阿薩姆紅茶及香菇滷製而成，風味十足。2000 年日月潭國家風景區成立，依規定國有地不可擺攤。但在成立國家風景區前，莫約三十年前，蔣經國先生曾指示警備總部核發獨一無二的「攤販特許證」，特准鄒○○女士在玄光寺碼頭旁國有土地上擺攤，因此，至今鄒○○女士依然獲准繼續營業。

資料來源：自由時報電子報。http://www.libertytimes.com.tw/2012/new/jan/9/today-07.html

(4) 版權：版權是指由作者親自編寫或者製作而成，而非抄襲他人而來的專屬權利。官方單位則會允許在某一時期中，特定個人或團體擁有作品版權，如：歌曲版權、書籍版權等。

個案 4 買正版 CD，也不得公開播放

台糖白甘蔗涮涮鍋臺北市某分店，因在店內「轉播」有線音樂頻道播放的十首歌，被控違反著作權法。臺北地檢署以該分店未經授權，擅自公開播送有線音樂頻道歌曲，將該涮涮鍋連鎖店負責人孔○○起訴。

資料來源：開元法律事務所載自 2008/10/2 聯合新聞網。http://www.counselor.com.tw/ch/viewtopic.asp?sid=1&id=16

(5) 商譽：此無形資產具有難以明確辨認以及難以計價的特性，在與同業比較之下，但此資產卻能為企業帶來超額經營利潤。例如：王品集團是以服務為主的特性。

3. 自然資源

亦稱天然資源，指天然存在的自然物，非人類加工製造的原材料，如礦產資源、水利資源、氣候資源等。

長期投資是不準備在一年或一年之內將其投資轉變為現金，企業取得長期投資的目的在於持有而不在於出售，這是與短期投資的一個重要區別。

➢ 二、資本預算

資本預算是指企業尚未實現的中長期資本投資活動的財務計畫，主要涉及固定資產的投資決策。在某段時間內，一家企業要進行中長期投資計畫並非只有一件計畫案，可能達到數件至數十件不等，但在企業資源有限情況下，企業只能從數十至數百件計畫案中選出幾個投資案。一般用來評估資本投資方案的方法有：回收期間法、淨現值法及內部報酬率法。

討論題

曾董為公司推動 AIDS 藥劑研發計畫多年但遲遲未有成效，老林問他為何不終止算了，他說：「怎麼可以？公司為了這個計畫都已經花了 20 億元了，現在談結束，那之前花的費用豈不是全部泡湯了？」請問，您覺得這理由充分嗎？若您是董事長，請問您要繼續此計畫或者停止呢？

（一）回收期間法

公司在投資計畫進行之初投入成本後，預期可回收成本所需之時間。以此方法來探討，回收期間愈短愈好。

回收期間（T）= 已回收的期數 +（尚未回收之投資餘額 / 回收年度之現金流量）

範例 1

老曾企業為了投資 A 計畫，經過評估，剛開始需要投入 500 萬元，後面五年陸續回收，第一年回收 100 萬元，第二年回收 150 萬元，第三年 150 萬元，第四年 150 萬元，最後一年則可回收 200 萬元，請問該計畫大約何時可以回收成本？

解答：

	0	1	2	3	4	5
現金投入	−$500					
現金流入		$100	150	150	150	200
餘　額		−$400	−250	−100	50	250

$$\text{還本期間} = \text{已回收期數} + \frac{\text{尚未回收之投資餘額}}{\text{回收年度之現金流量}}$$

$$= 3 + \frac{\$500 - 100 - 150 - 150}{\$150}$$

$$= 3 + \frac{\$100}{\$150}$$

$$= 3.67\text{ 年（3 年 8 個月）}$$

練習題 1：若某廣告公司有一個十年期投資計畫，期初投入成本為 100 萬元，爾後每年的現金流入為 18 萬元，請問該廣告公司大約何時可以回收此計畫成本？

1. **優點**

簡單易學，符合一般邏輯，提供衡量投資計畫變現能力之指標。

2. **缺點**

未考慮金錢之時間價值，且未考慮回收後之現金流量。

（二）折價回收期間法（Discount Payback Period Method）

方法與回收期間法相同，但此方法改良回收期間法之缺點，會加以考慮金錢時間價值，也就是現金流入與現金流出流量以現值計算。

範例 2

老曾企業為了投資 A 計畫，經過評估，剛開始需要投入 500 萬元，後面五年陸續回收，第一年回收 100 萬元，第二年回收 150 萬元，第三年 150 萬元，第四年 150 萬元，最後一年則可回收 200 萬元，請問該計畫大約何時可以回收成本？（假設折現率為 10%）

解答：

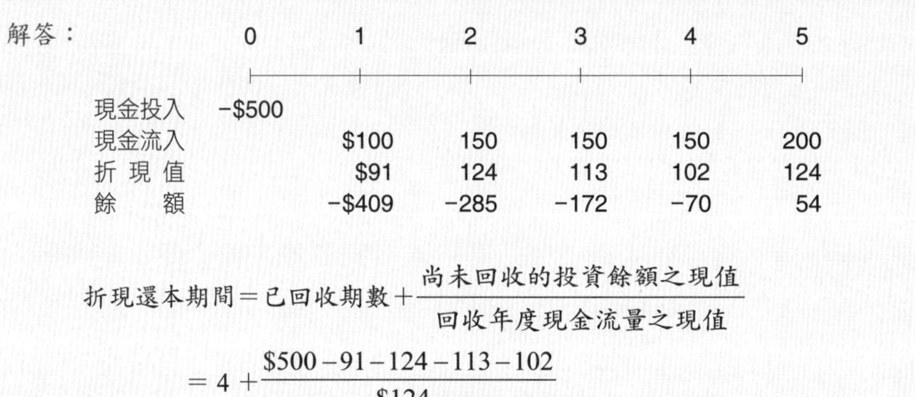

	0	1	2	3	4	5
現金投入	−$500					
現金流入		$100	150	150	150	200
折 現 值		$91	124	113	102	124
餘　　額		−$409	−285	−172	−70	54

$$折現還本期間 = 已回收期數 + \frac{尚未回收的投資餘額之現值}{回收年度現金流量之現值}$$

$$= 4 + \frac{\$500 - 91 - 124 - 113 - 102}{\$124}$$

$$= 4 + \frac{\$70}{\$124}$$

$$= 4.56 年$$

練習題 2：兩個投資計畫，成本皆 100 萬元，市場利率 2%。利用折價回收期間法計算，請問要投資甲或者乙？

	甲計畫	乙計畫
1	50 萬元	10 萬元
2	10 萬元	20 萬元
3	10 萬元	30 萬元
4	40 萬元	50 萬元

（三）淨現值法（Net Present Value Method, NPV）

淨現值法是將所有現金流量以資金成本折現，使其產生的時間回到決策時點，並在相同時點上比較各期淨現金流量總和與投入成本的大小。

$$NPV = \frac{CF_1}{(1+k)} + \frac{CF_2}{(1+k)^2} + \ldots + \frac{CF_n}{(1+k)^n} - CF_0 = \sum_{t=1}^{n} \frac{CF_t}{(1+k)^t} - CF_0$$

範例 3

老曾企業為了投資 A 計畫，經過評估，剛開始需要投入 500 萬元，後面五年陸續回收，第一年回收 100 萬元，第二年回收 150 萬元，第三年 150 萬元，第四年 150 萬元，最後一年則可回收 200 萬元，請問該計畫大約何時可以回收成本，是否值得投資？（假設折現率為 10%）

解答：

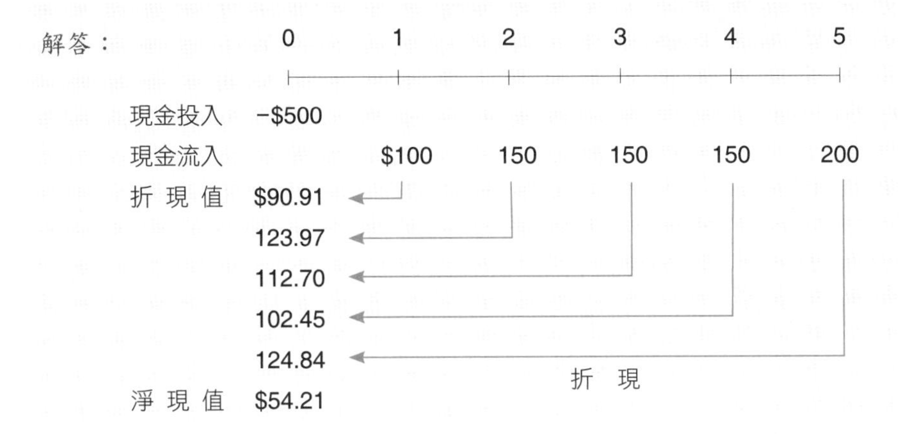

$$NPV = -CF_0 + \{\frac{CF_1}{(1+k)} + \frac{CF_2}{(1+k)^2} + ... + \frac{CF_n}{(1+k)^n}\}$$

$$= -\$500 + \{\frac{100}{1.1} + \frac{150}{(1.1)^2} + \frac{150}{(1.1)^3} + \frac{150}{(1.1)^4} + \frac{200}{(1.1)^5}\}$$

$NPV = \$54.21 > 0$ 應接受此方案

練習題 3：若有一方案需投資 100 元，預計第一年淨利 10 元、第二年則淨利 60 元，以及第三年淨利為 80 元，請利用淨現值法探討此方案是否值得投資？（假設折現率為 10%）

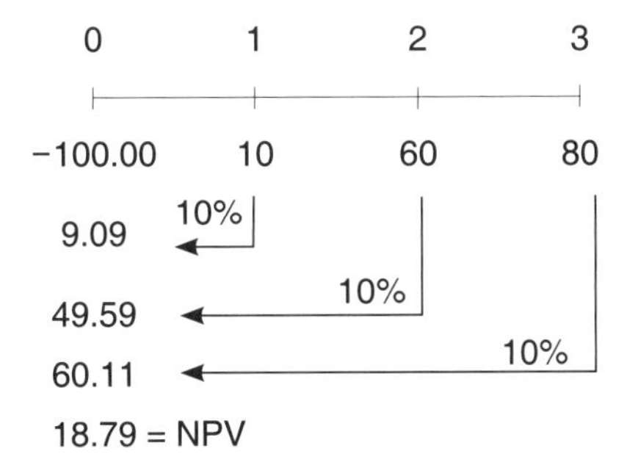

1. 優點

考慮貨幣之時間價值及所有的現金流量、符合價值相加法則，且可在互斥計畫中提供正確之決策。

2. 缺點

未反映成本效益之高低。

（四）內部報酬率法（Internal Rate of Return Method, IRR）

內部報酬率法（IRR）是計算出一個能使投資計畫產生的現金流量折現值總和等於期初投入成本的折現率。IRR 即為使 $NPV = 0$ 的折現率。

計算出的 IRR，再與 WACC（加權平均資本成本）做比較。所謂的 WACC 是指一家企業可能會針對不同的投資項目進行投資，如：房地產、股票等，但每項投資必有其不同的風險，WACC 即是企業投資項目平均風險下所要求的收益率。

1. 當 IRR > WACC，接受投資計畫。
2. 當 IRR < WACC，拒絕投資計畫。

此方法的優缺點如下：

1. 優點

資訊傳遞及解釋上容易。

2. 缺點

無法以金額來表達投資的報酬率，讓管理者無法馬上做出決策判斷。

範例 4

老曾企業為了投資 A 計畫，經過評估，剛開始需要投入 500 萬元，後面五年陸續回收，第一年回收 100 萬元，第二年回收 150 萬元，第三年 150 萬元，第四年 150 萬元，最後一年則可回收 200 萬元，請問該計畫大約何時可以回收成本？(假設折現率為 10%)

解答：IRR 之計算

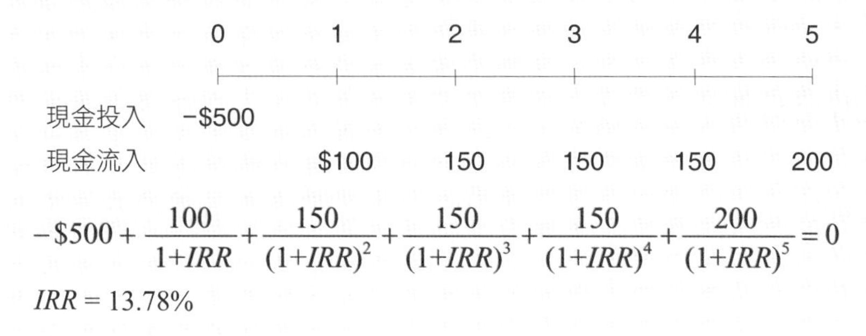

$$-\$500+\frac{100}{1+IRR}+\frac{150}{(1+IRR)^2}+\frac{150}{(1+IRR)^3}+\frac{150}{(1+IRR)^4}+\frac{200}{(1+IRR)^5}=0$$

$IRR=13.78\%$

練習題 4：吳小鳳經營的公司要推行一項融資型計畫，該融資利率達 15%，請利用內部報酬率來探討該計畫是否值得投資？

	0	1	2
現金流量	$600	−500	−200

$$\$600+\frac{-500}{1+IRR}+\frac{-200}{(1+IRR)^2}=0$$

$IRR=12.87\%<$ 融資利率 15%

IRR 應視為資本成本，愈低愈好。

（五）互斥方案的評估

公司管理階層在極大化公司價值的立場上，須找出對公司最有利的投資機會。互斥方案下的各種投資決策準則如下：

1. 若公司之資源無限，資金源源不絕，則只要對公司價值有助益的投資計畫皆可接受。
2. 若公司之資源有限只能擇一投資，常會產生互相排擠的投資計畫，稱為互斥型方案。

表 7-1 各決策方法的評估法則

決策方法	決策法則
回收期間法	選擇回收期間「最小」的計畫
淨現值法	選擇 NPV「最大」的計畫
內部報酬率法	選擇 IRR「最大」的計畫
獲利能力指數法	選擇 PI「最大」的計畫

第三節　財務分析

進行財務報表分析，往往會產生一些財務比率數字，藉以判斷以及預測企業的未來績效。

➢一、一般財務報表的使用者，可分為企業內部使用者以及外部使用者。

（一）內部使用者

1. 董事

瞭解公司的營運與財務狀況，以判定管理者的經營績效與貢獻。

2. 管理者

管理者會從報表中所推出的相關項目數字比率、趨勢或其他重要關係的變動規模、幅度大小等即時資訊，以進行評估企業經營績效，並從事日常營運的各項決策以及長期規劃，也藉此資料瞭解企業外部對企業的看法，如潛在投資人或債權人。

3. 企業員工

企業員工會較為關心有關員工分紅配股以及股票選擇權等資訊，而此資訊也可藉由財報分析得知。

（二）外部使用者

1. 債權人

債權人重視的是企業當時的財務狀況，流動資產的流動性及其週轉率，以確保企業有償還債務的能力。

2. 投資人

企業盈餘分配之順位，投資人通常都是排於最後，因此這群投資人是最關心企業經營效率、財務狀況、風險以及成長潛力；再者，也可藉此評估企業的股票價格是否允當，以便做出低價買入股票，或高價賣出股票等決策。

3. 會計師

確保報表編製符合一般公認會計原則 。

4. 主管機關

稽核企業所繳稅賦的合理性。

5. 工會

瞭解資方的財務狀況，以利團體交涉。

6. 零組件、材料供應商

對供應商而言，如為交易信用的提供者，其情況視同債權人。

7. 下游廠商

使用財務報表分析技巧，瞭解產品生產者的財務狀況。

➢ 二、統整以上關係人，可發現主要分析財務報表的目的可分為三大項：

1. 瞭解企業的營運績效 。
2. 瞭解企業的經營風險 。
3. 預測企業未來發展空間與經營價值。

而一般可用以下幾個財務構面，來達到經營能力分析目的：

（一）短期償債能力相關比率

短期償債能力衡量在一年內或一個營業週期內，企業短期償還負債的能力。此比率主要在衡量企業資產的流動性（Liquidity），即資產轉換為現金的速度；當流動性愈高，代表資產變現能力愈高，愈不容易產生資金短缺，造成企業的財務危機。短期償債能力主要是由流動資產以及流動負債組合而成：

1. 流動資產是指當企業有資金需求時，企業能在一年或一個營業週期內最快變現為現金的資產。

2. 流動負債即一年內或一個營業週期內到期的負債，企業有資金需求，需要將流動資產變現來供應此資金需求，包括短期借款、應付帳款及票據、應付所得稅、應付費用，以及即將到期之長期負債。

短期償債能力的衡量指標：

1. **營運資金**

指流動資產與流動負債的差額。

公式：營運資金 = 流動資產－流動負債

(1) 如果流動資產等於流動負債，則占用在流動資產上的資金是由流動負債融資。如果流動資產大於流動負債，則企業對於短期債項開支有充足準備，對債權人而言，該企業具備良好的償債能力。

(2) 如果流動資產小於流動負債時，這家企業的營運可能隨時因週轉不靈而中斷。

總結來說，營運資金可以用來衡量企業的短期償債能力，其差額愈大，代表該企業對於債權人的支款義務準備愈充足，短期償債能力愈好。

2. **速動比率**

是指速動資產對流動負債的比率。

公式：速動比率 = 速動資產 ÷ 流動負債

速動資產考量可立即用來償還流動負債的資金科目，也就是將流動資產扣除存貨以及預付款項等資產。

流動資產中扣除存貨，是因為存貨可能會有滯銷，無法在較短時間內求售變現。

至於企業預付款項則不具有變現能力，此項目只是企業先行支付未來的現金流出量，此類資產根本就無法用來償還企業的債務。

換言之，此比率主要衡量企業流動資產中可以立即變現的資產，用於來償還短期債務的能力，同流動比率一樣。一般而言，企業的流動比率是設定為 2，速動比率則為 1。

3. **現金比率**

指企業內的現金與流動負債的比率。

公式 =（現金 + 有價證券）÷ 流動負債

因現金比率是指在不考量存貨及應收帳款等資產的情況，以現金及現金類等價資產作為償付流動負債的基礎，可反映企業即刻償還到期債務的能力。

一般來說，現金比率設定為 20% 以上較為適當。

(1) 現金比率大於 20%，就意味著企業現金持有量過大，但現金類資產獲利能力低，若企業為了提高此比率，而在企業內準備大量的現金類資產，可能會讓企業喪失短期投資能帶來的利益，會降低公司的獲利能力。反之，對債權人而言，現金流量比率愈高，公司的短期償債能力愈強。
(2) 現金比率小於 20%，則代表企業內的現金量愈少，短期償債能力則較弱。但對企業來說，現金比率並不是愈高愈好，只要能保持一定的償債能力，不會發生債務危機即可，無須維持高的現金比率。

4. 應收帳款週轉率

是衡量企業在一定時期內（通常為一年），應收帳款轉化為現金的平均次數。

公式：應收帳款週轉率 = 賒銷淨額 ÷ 平均應收帳款

(1) 應收帳款週轉率愈低：表示資金之週轉有問題，呆滯在外的資金愈多。
(2) 應收帳款週轉率愈高：代表企業的收帳期間愈短、收款速度迅速，應收款項的流動性愈大，因此短期償債能力強，可減少壞帳損失發生。另一方面來看，週轉率太高也可能是企業對顧客的信用要求過嚴，未來可能會犧牲一部分信用較差的客戶訂單。但就企業體質的觀點來看，仍傾向於應收帳款週轉率愈高愈好。

5. 應收帳款平均收帳天數

企業在特定期間內，企業從銷貨到收回應收帳款所需時間，用以反映企業應收帳款的變現速度和企業收帳效率。

公式：應收帳款平均收帳天數 =365÷ 應收帳款週轉率

若公司一般習慣給顧客 30 天的付款期限，則平均收帳日數若低於 30 天，表示公司收帳工作確實，若超過 30 天，則顯示收帳不力，仍需努力。一般來說，應收帳款週轉天數愈少，表明收款速度愈快，壞帳損失愈少，償還能力愈強。

6. 存貨週轉率

企業購置貨品後，通常不可能馬上出售獲利，因此購進的貨品都需要作倉存，身為企業經營者皆希望儘速將其購置之貨品出售獲利，不要長久堆積在倉庫，畢竟貨品會有變質過時成本、倉儲成本以及遭竊風險等相關管理成本，故管理者都會藉由此比率來評估企業購置貨品，直至出售之間的週轉速度。

公式：存貨週轉率 = 銷貨成本 ÷[（期初存貨 + 期末存貨）÷2]

(1) 存貨週轉率愈低，表示企業無法快速將存貨售出，導致生產的產品滯銷，而倉庫中的存貨過多，間接導致市場價格下跌，影響公司成本及獲利率，這也顯示企業對產品市場的判斷錯誤。

(2) 存貨週轉率愈高，表示企業商品銷售速度快，現金週轉靈活，資產的流動性愈佳，故企業的資金就不會積壓於存貨上。更進一步而言，此比率高對於企業資產的短期償債能力具有正面的效應。就另一方面來探討，存貨週轉率過快，也有可能會導致存貨儲備不足，而影響生產或銷售業務的進一步發展。

就以餐飲業來說，存貨週轉率也可當作所謂的「翻桌率」，在一段用餐時間內，每個座位（或每桌）被客人使用的平均次數；簡單來說明，就是在一段用餐時間內，一桌可以換幾組客人。當然，翻桌率愈高，老闆接待的客人就愈多，相對地營收也會愈高。

個案 5　乾杯燒肉的黃金翻桌率

平出莊司在臺北地區大安路的小巷，僅擁有五十個位子且四十坪不到的店面，創立乾杯燒肉。在高租金、高物價的地區，在一切資源都極小化下，他反而創造出最大邊際效益，他憑藉著精準的翻桌率，以及黃金成本比率，該公司平均客單價以 600 元計算，一晚上兩、三輪下來，一天只要 6 小時，就可以做 6 萬到 9 萬元的生意。 即使一天只做 6 小時生意，，讓七家店每天來客達 900 人次，一年營收做到 1 億 5 千萬元，更不可思議的是，這種小而美的策略，讓他的毛利率高達 60%，淨利實賺 30%。

平出莊司推出「八點乾杯送飲料」的策略，表現上看起來此策略加送一杯，單價 100 元，而乾杯的平均客單價為 600 元，扣除贈送飲料而少賺 100 元，等於整體營業額少賺了六分之一，但此策略一傳開，也因為送出去這 100 元，讓公司業績立即就從幾千元衝到 40 萬元，成長數十倍。目前乾杯營業額中，單啤酒的貢獻度高達 23%，一年賣出 3 千 5 百萬元的生啤酒，在業界數一數二。

資料來源：精算黃金翻桌率，日本人變臺灣燒肉王。商業週刊 1063 期。作者：單小懿。

7. 存貨平均銷售天數

該比率計算企業平均多少天可以將存貨售出，換言之，用以衡量企業銷售存貨能力的時間長短。

公式：存貨平均銷售天數 =365÷ 存貨週轉率

舉例而言，若企業的存貨銷售天數為二十天，表示該企業平均二十天會銷售出一筆存貨。存貨平均銷售天數愈少，表示存貨銷售天數縮短，愈快將存貨售出，可愈快取得現金。一般而言，銷貨天數最好維持在六十天內；換句話說，表示企業的資產經營效率較高。

8. 營業週期

當企業投入現金購買原料，經加工製造成為存貨，將存貨出售得到應收帳款，最後再將應收帳款收回得到現金所需的時間週期。在這段時間週期中，可以簡單化分為存貨平均銷售天數與應收帳款平均收帳天數兩類，故營業週期 = 存貨平均銷售天數 + 應收帳款平均收帳天數。

營業週期愈長，流動性愈差，而企業所需的營運資金則愈大。因此，營業週期愈短愈好。

9. 淨營業週期 = 營業週期－應付帳款平均付款天數

淨營業週期用以衡量企業需要多久的期間，會有一筆營業週期所產生的現金流入，以評估資金是否出現短缺的期間，而非採用金額衡量企業的短期償債能力。

（二）資本結構

1. 負債占資產比率

用來分析一家企業所擁有的資產中，有多少比例是向外舉債購買的。

公式：負債占資產比率＝（負債總額 ÷ 資產總額）× 100%

(1) 負債占資產比率愈高時，表示企業向外舉債比率相當高，而舉債的代價就是每年需支付的利息費用就愈多，此對公司為了定期能償還該利息費用，資金週轉會產生相當大的壓力，且企業在發生週轉不靈時愈容易出現倒閉危機，間接對企業債權人的風險就愈高。另一方面來看，負債通常跟信用良好是劃上等號，當企業的信用不佳，即使企業願意提供很好的付款條件，也不見得有債權人願意借錢給企業，因此換個角度來看，此比率高也可能代表企業信用佳。一般情況而言，通常負債占資產比率以不高於三分之二為宜。

(2) 負債占資產比率太低時，也代表企業的財務槓桿太低，資金運用沒有效率。簡單來說，當市場舉債的利息利率低於企業將資金進行長短期投資的利息比率時，此時企業應向外舉債來進行投資計畫。

2. 長期資金占固定資產比率

此比率用以衡量企業的長期營運資金是否準備充足，也可用於衡量企業的「固定資產」與「長期資金」是否平衡，以及彼此間投資程度是否適當，避免超出企業資金的運用能力範圍。

公式：長期資金占固定資產比率＝[（股東權益淨額＋長期負債）÷ 固定資產淨額]× 100%

(1) 此比率沒有絕對的標準，但通常以不低於200%為宜。但當長期資金占固定資產比率愈高，代表企業的固定資產大多以長期舉債來進行投資，非以短期資金來支應固定投資的問題；相對地，此企業的財務體質會較穩健。

(2) 當長期資金占固定資產比率過低時，代表此企業的固定資產大多都是靠短期舉債方式來支應，因為此負債是短期要償還，企業可能會因為短期內無法籌措錢償還債權人，導致倒帳的風險增高。因此，若比例過低，會讓他人判斷出該企業的財務體質並不健全。

（三）獲利能力

公司的獲利能力決定企業是否能持續經營，獲利能力比率包括衡量企業盈利能力的一些利潤指標，以及衡量資本和投資利用效率。簡單而言，是衡量一家公司經營的成果，獲利能力愈好的企業，代表企業的管理能力愈好。一般包含資產報酬率、股東權益報酬率、純益率、每股盈餘等數據。

1. 資產報酬率

衡量企業是否充分利用總資產進行生產活動，簡言之，即是衡量企業總資產的使用效率能帶給企業多少的稅後淨利。

公式：總資產報酬率 =[(利潤總額 + 利息支出)÷ 平均資產總額]X100%
={ [稅後淨利 +（1 －稅率）利息費用]÷ 平均資產總額 }×100%

(1) 總資產報酬率愈高，表示企業整體資產利用效率高，促使企業營運報酬愈高，讓企業增加稅後收入、節約資金運用。
(2) 反之，若該指標比率愈低，說明企業整體資產利用效率低，此時管理者應去分析差異原因。

據資料，小林公司 2013 年，年初資產總額 7,500 萬元，2013 年稅後淨利為 1,000 萬元，利息費用 20 萬元，2013 年末資產總額 8,400 萬元；2014 年稅後淨利 1,500 萬元，利息費用 50 萬元，當年年末資產總額 9,000 萬元。請針對總資產報酬率分析，來評估小林公司。

2013 年總資產報酬率＝（1000+20）÷ [（7500+8400）/2] × 100% =13%
2014 年總資產報酬率＝（1500+50）÷ [（8400+9000）/2] ×100% =17%

由此可知，小林公司的總資產報酬率由 13% 提升至 17%，代表該企業的整體資產利用率提升，讓企業在 2014 年的淨利增加。

2. 股東權益報酬率

股東權益報酬率是衡量企業運用自有資本，能創造出多少獲利；簡單來說，股東權益報酬率是用來反映股東每投資一塊錢可以獲得多少報酬率，因此，此比率是投資者最常用來評估一家公司的獲利能力。

公式：股東權益報酬率 = [稅後損益 /（期初股東權益＋期末股東權益）÷2] × 100%

股東權益報酬率愈高，代表該公司愈能替股東賺錢，即這家公司愈有值得投資的價值；保守一點說法，該企業自有資本的比重較高，資產的結構較為健全，因此該企業在因應財務危機與長期償債的能力均較強，對潛在投資者而言，是較為保險的投資標的。也因高的股東權益比率會吸引潛在投資者，有些企業會大幅舉債（股東權益＝資產－負債），為了提升本身企業股東權益報酬率，如此一來，企業所付出的代價是增加舉債的利息費用，可能會導致企業償債壓力提升，若企業資金週轉不靈，可能會讓企業陷於倒閉風險中。

3. 毛利率

表示企業每一元的售價中，可賺取多少的毛利。由於毛利率是一家公司獲利能力的最基本指標，因此當公司的毛利率有開始增加時，代表公司的新產品、新生產技術效益出現，或是市場占有率有規模經濟顯現等。

公式：毛利率＝（銷貨收入－銷貨成本）÷ 銷貨收入 = 銷貨毛利 ÷ 銷貨收入

毛利率比率愈高，代表企業在產品市場領域具有獨特的能力（例如獨特技術、產品創新或具有市場規模經濟等）。產品在產業中的競爭力強，其他競爭對手相對較沒有優勢可循，因此，企業的獲利能力會較大。但由於毛利僅是售價扣除進貨成本，並未扣除營業費用，毛利率愈高，不代表純益率愈高。

4. 純益率

是衡量企業每一元的售價中對企業稅後純益的貢獻程度；簡單來說，此比率說明每一塊錢的銷貨收入中，能為企業產生多少的稅後淨利。

公式：純益率 = （稅後淨利 / 營業收入）× 100%

稅後純益率愈高愈好，愈高表示企業真正的獲利愈大，表示可賺取的淨利數額；故此比率愈高，代表企業獲利能力愈大，為分析獲利能力的重要指標。

第四節　財務危機管理

財務危機，俗稱財務困境，指的是企業內部的現金流量不足以償還現有債務。一般財務危機發生的前因後果，包括員工品德操守、市場調查錯誤、企業發展策略錯誤及財務運作錯誤。

➢一、員工品德操守

總統是一國之君，但也是國家的公僕之一，畢竟也是全國人民所選，唯一不同的是總統是所有公僕中，權利最多的，地位最高。若把國家比喻成企業，那總統即是企業一員。身為企業的員工應該要能全心全意的為公司工作，盡忠職守，從不怠慢。而企業管理者以為利用薪酬就可以買到員工盡忠職守的做法，其實不然，根據調查 2012 年全球 174 個國家中各國的貪汙指數，菲律賓排名第 105 名，菲律賓人一向容忍充斥貪腐和暴力的民主，政治人物利用影響力逃避司法制裁，形成所謂的豁免文化，菲國長期在政治人員貪汙下，再加上菲律賓長期以債養債，借貸成本愈加沉重，造成菲國人民的貧窮與失業問題日益嚴重，菲國財政已呈現嚴重的危機。

➢二、市場調查錯誤

冒然將資金投入經營前景不明的行業、企業不熟悉的行業或投機行業，導致企業產生資金短缺或排擠現象，企業財務週轉失靈。深陷財務危機的吳○○，不只主持工作從九個減少到只剩下三個，更因為投資LED公司，資金出現嚴重缺口，還不惜賣房子換現金，最終以尋求新金主來支援，讓財務危機暫時解除。

➢三、企業發展策略錯誤

案例6 瑞記碾米廠爆發盜賣公糧事件

2013年嘉義縣大林鎮的老字號瑞記碾米廠爆發盜賣公糧事件，該碾米廠設立於1964年，一直是農糧署在嘉義縣合作的二十三家公糧倉庫（含農會）之一，接受農糧署委託存放公糧，除擴大經營更大的第二廠，也轉型搶攻精緻米和伴手禮市場，但疑似因為擴廠速度太快、發生財務危機，負責人以稻穀冒充白米，盜賣上千噸公糧，金額大約2,000萬元，負責人也正在接受司法審判中。以此個案來看，企業管理者在做任何投資策略前，除了市場調查外，也需要審慎評估投資方案，別急著擴大投資，否則財務經營不善，造成的惡性循環，只會導致公司經營更艱困。

資料來源：自由時報電子報。http://www.libertytimes.com.tw/2013/new/may/21/today-center33.htm

➢四、財務運作錯誤

案例7 西雅圖咖啡財務危機

多年前，西雅圖咖啡董事長劉○○擴充過快，導致集團出現財務危機，因此決定引進財顧公司「外來資金」，財顧公司帶進重要幹部「進駐」總部，很快就發生西雅圖在外超額借貸、虛開發票。新投資人也是「建議」劉○○可以投資一家價值7,000萬元的店面，向銀行貸款，一來西雅圖可擁有自有資產，二來用銀行貸款充實營運資金。不過劉○○後來發現，價值7,000萬元的不動產其實不到5,000萬元，加上市場上這時已經出現西雅圖交易灌水、股東在外高價拋售西雅圖的股票等消息，劉○○最後用3,000萬元買下原本2,000萬元賣出的股票，「新股東」賺了1,000萬元退場，留下一堆即將到期的支票。劉○○說，後來現金軋不過來，最後跳票。所幸銀行接受他的說明，讓他繼續營運。

資料來源：今日新聞官網。http://legacy.nownews.com/2007/12/10/10844-2199830.htm

針對企業可能面臨的財務危機，企業可透過危機監督、危機預控、危機決策和危機溝通處理等管理手段，減少財務危機帶給企業嚴重的衝擊，甚至可將危機轉化為機會。財務危機管理手段的主要內容涵蓋四大面：

➢一、財務危機監督

意指監視督促企業財務活動及相關的經濟活動決策，避免不必要的損失和浪費，畢竟決策失誤所造成的經濟損失，往往數額巨大。監督可劃分為事前監督、事中監督以及事後監督。

（一）事前監督是較為積極的、預防性的監督

主要著重在財務預算或者財務計畫實施之前所進行的監督，可預防企業決策失誤，且對企業財務制度及流程也有著積極而重要的防止錯弊作用。一旦企業有財務舞弊事件發生，除了傷及商譽外，可能要花費更多的金錢以及心力來進行補救，因此，事前的防範，要比事後的補救來得重要，唯有事前財務監督才是有效的財務監督。

（二）事中監督

事中監督是指在企業財務活動進行過程中所進行的監督，畢竟不是每件事情都能發揮事前監督的作用，因此為了避免事後諸葛，企業在生產過程或者財務運用過程中要嚴密監控，若有偏差發生，則要能及時發現問題，糾正偏差。比如，對預算執行情況的監督、對專項資金使用情況進行的監督，都屬於事中監督。

（三）事後監督

是指一項決策、計畫、專案執行完成以後，在進行結案之前，管理者須針對以下兩項進行評估：

1. 企業管理者必須審查結果是否與先前訂定的預期目標吻合。
2. 在執行過程中，人員執行是否得力、管理有無失誤，以及制度是否嚴密等一併進行審查、總結、糾正，一旦發現結果或者執行過程有任何差異或者失誤之處，則必須達到事後追究責任，以便為下一次決策、計畫、專案的制定實施，打好堅實的基礎。

個案 8 食品安全—哥義美用過期原料做泡芙

義美食品股份有限公司龍潭廠使用逾期原料製造泡芙事件，確認逾期原料用於製造 2012 年 7 月至 8 月之泡芙系列產品，該產品保存期限一年，故違規產品標示的有效日期為 2013.07.01 至 2013.08.31 期間。為了民眾健康，桃園縣衛生局除了依規定對義美食品從重裁處新臺幣 15 萬元罰鍰，並將持續監督義美食品股份有限公司回收市售泡芙產品辦理銷毀，衛生局同時要求義美食品做好內部製程管控。

資料來源：今日導報官網。http://herald-today.com/content.php?sn=6228

➢ 二、財務危機預防

臺灣人有句俗話「不要輸在起跑點上」，也就是企業在競爭激烈的環境中追求勝利之前必先少輸，除了上述要盡可能做到事前的監督外，企業應該要做好危機預警，這就是少輸的開始。財務危機預防就是指企業應針對引發財務危機的眾多可能性因素，事先做好防範，並制定發生財務危機時要如何進行應對措施，儘量使財務危機的損失減少到最小。

➢ 三、財務危機處理

當企業發生財務危機時，首先，企業的經營管理者得保持冷靜和從容，確保自身不能亂了陣腳。其次，則要以最快的速度啟動財務危機緊急處理機制，迅速作出反應，且身為企業組織發言人，應在危機發生黃金 24 小時內向社會大眾說明真相以及正在進行的補救措施，並確保企業本身是事件公布唯一管道，否則各類臆測和謠言就有可能會將企業推入深淵之中。第三，企業要以公開、坦誠、負責的原則以及態度對待危機，不能有任何隱瞞、拖延或「大事化小，小事化無」的想法，否則事實一旦被揭露出來，企業將被冠上不坦誠和非誠信的頭銜。第四，要體現企業的社會責任，坦誠認錯、道歉賠償，並要以積極態度針對企業形象受損的內容和程度，展開彌補形象的公共關係活動，以恢復企業信譽，挽回民眾對企業的信任。

➢ 四、財務危機溝通

財務危機溝通主要目的是爭取與其他利害關係人的對話機會，進行談判協商，化解企業面臨的財務風險，讓處在財務困境中的企業，能夠重新站立起來，以達成解決企業危機的目的。當企業發生財務危機時，首先必須要爭取相關利益關係人的信任，畢竟在企業財務信息不透明下，再加上企業推卸責任，利益相關者就愈不信任企業，會更加不利於企業化解財務危機；反之，如果企業態度誠懇，公開財務信息並且真誠與利益相關者進行溝通，就有機會可以化解矛盾和衝突，為企業創造解決財務危機的機會。

個案 9 挽形象！義美捐 1,500 萬元登報道歉

義美使用過期原料，第一時間雖然出面道歉，卻還強調過期不等於變質，引發外界爭議。為了挽回形象，義美 23 日在四大報頭版刊登道歉聲明，還說要捐出 1,500 萬元給公益團體，但不少民眾和消基會都認為，捐款可以抵稅根本不痛不養，痛批義美沒誠意，要全民繼續抵制。

翻開四大報，所有頭版的左下方都刊登了義美的最新聲明，表示生產管理上的疏失，讓大家失望了，致上深深的歉意，並深感痛心。還說這次事件，無疑是一項警惕，承諾捐出 1,500 萬元給公益團體，最後附上義美總經理高〇〇的簽名。

儘管義美釋出誠意，但民眾就是不領情，因為問題產品早已經吃下肚，打著臺灣本土，強調在地生產的義美，成立已經七十九年，塑化劑風暴發生時，義美因為有自家一間的實驗室，嚴格把關，不但躲過一劫，還被喻為是食品界的模範生，哪曉得這次卻出了這麼大的紕漏，被踢爆使用過期的大豆分離蛋白，第一時間還辯解說過期不等於變質，引來批評聲浪不斷，眼看風波愈演愈烈，義美這才趕緊由老闆親自發出聲明，再次道歉。

只是檢方查出的問題小泡芙多達 12 萬箱，以一包市價 25 元來算，義美賺了 3,600 萬元黑心錢，卻只拿 1,500 萬元出來要做公益，等於賺了好處，還想挽回企業形象。

消基會痛批，義美誠意不足，呼籲全民繼續抵制，問題泡芙事件，義美先是枉顧消費者健康權益，事後再來補破網，恐怕為時已晚。

資料來源：Yahoo! 奇摩新聞。http://tw.news.yahoo.com/%E6%8C%BD%E5%BD%A2%E8%B1%A1-%E7%BE%A9%E7%BE%8E%E6%8D%901500%E8%90%AC-%E7%99%BB%E5%A0%B1%E9%81%93%E6%AD%89-111518586.html

第八章

策略管理

MANAGEMENT
企業管理概論與實務
THEORY AND
PRACTICE

第一節　策略目標及願景

身為企業領導者必須思考及選擇對企業未來最有利的方向，並洞燭機先，解決未來可能發生的潛在問題，這就是所謂的策略管理。簡單來說，就是決定組織長期績效的一套管理決策與行動。

早期臺灣經濟發展各方面的表現，不僅優於韓國，且為四小龍之首。但這幾年間，韓國政府在亞洲金融風暴中，採取一系列經濟改革，政府面對危機充分發揮改革的決心，再加上韓國政府眼光長遠，支援大企業研發資金的計畫來全力扶植韓國 IT 產業中的三大主力商品，包括記憶體、顯示器、手機等，在發展不到二十年的光景就成為世界第一的產業，而韓國的 GDP 也早已超越臺灣許多年。由此可知，一國政府政策是攸關國家表現的優劣，若長期政策是正確的，將有助於國運，提升國家競爭力。

第二節　策略管理程序

➢一、步驟一：分析組織的願景與目標

此時要對組織存在的目的與願景作界定，任何的策略都不可偏離企業願景，就如同法律是不可以牴觸憲法。

➢二、步驟二：分析外部競爭市場環境帶來的機會與威脅

(一) 機會

外部環境因素中的正面趨勢。

案例 1 兩岸服務貿易協議帶來的機會

如 2013 年 6 月 21 日由大陸海協會與臺灣海基會在上海簽署兩岸服務貿易協議，讓資金流通、人力運用、經營權益等涉及兩岸經貿往來範疇的人與資產，在法制化的環境架構下，因此可有較明確的規範、降低受對方公權力不當干擾的風險，對想開拓大陸市場的大小臺灣業者，此協議若生效，不失為一個機會與保障。再者，服貿協議中有要求若陸資來臺投資服務業，則必須運用臺灣的人力資源，這無疑可為臺灣人帶來更多就業機會，以及打造臺灣的國際競爭力等。

臺灣鴻海集團董事長郭○○也表示，服貿協議包含開放電子商務，看好未來大陸電子商務發展會很快，鴻海集團將全力投入。

資料來源：文匯網官網。http://news.wenweipo.com/2013/06/27/IN1306270070.htm

(二)威脅

外部環境因素中負面的趨勢。

案例 2 兩岸服務貿易協議帶來的威脅

臺北市中藥商業同業公會榮譽理事長黃○○，則對於兩岸服務貿易協定感到非常激憤，因為臺灣現在九成中藥材皆從中國進口，若開放中資來臺從事中藥批發，大陸中藥行可自行到臺灣販售，不但可能不會再批發藥材給臺灣業者，整體成本也會比臺灣還低，臺灣中藥行商家生計將大受衝擊。

資料來源：蘋果日報官網。http://www.appledaily.com.tw/appledaily/article/headline/20130625/35105863/applesearch/%E4%B8%AD%E8%97%A5%E5%95%86%E8%A8%B4%E8%8B%A6%E6%81%90%E8%A2%AB%E6%AE%B2%E6%BB%85

➢三、步驟三：分析內部環境

即從組織的資源與能力中，找出組織本身實力之優勢與弱勢。

(一)優勢

組織可以有效執行，或組織所擁有的特殊資源。

案例 3 鴻海優勢

鴻海本以電腦連接器為核心，後來將產品線往上下游擴展到主機板、手機、光通訊零組件、奈米電腦準系統、TFT-LCD（薄膜電晶體液晶顯示器）、電腦主機箱、電源供應器、半導體設備等領域，此是科技業首見的「一條龍」式生產，優點在於只要鴻海代工訂單到手，鴻海就能採用自家的零組件，除了降低零組件成本外，還可以大幅增加作業效率。鴻海總裁郭〇〇先生並不會就此滿足雄圖霸業，就以此次臺灣的行動寬頻業務（4G）標售為例，鴻海也沒有缺席，國家通訊傳播委員會（NCC）公布，行動寬頻業務（4G）公開標售「面試」結果，七家入圍的業者包括中華電信、台灣大哥大、臺灣之星、亞太電信、遠傳電信、鴻海集團的國碁電腦與新纖旗下的新建全部過關，取得競價資格，即使鴻海強調語音、資訊、影音等的服務，但有人開始質疑鴻海沒有龐大基地台支撐，也沒有核心的網路設備來維持營運系統，怎會輕易進入 4G 光纖建設？鴻海會如此大膽進行投標，主要應是瞄準寬頻建設下所衍生出來的通訊產業商機，再者，鴻海最大的優勢在於全球有超過半數的雲端設備是由鴻海設計製造，鴻海跨入 4G 是具有絕對優勢。

資料來源：聯合新聞網官網。http://udn.com/NEWS/FINANCE/FIN3/8095243.html

案例 4 歐客佬咖啡農場

歐客佬是全臺灣唯一農場直營，一開始只有供應咖啡生豆，但現在為一條龍的作業模式，在寮國擁有一大片的咖啡園，自產自銷，從寮國自營農場到咖啡豆採收、生豆處理、專業烘培、至包裝銷售都是一條龍，因此讓歐客佬相較於其他咖啡業者而言，其價格不但便宜又有品質保證的優勢。

圖片來源：歐客佬網頁。http://www.oklaocoffee.com/about_company.aspx

（二）弱勢

組織表現較差的活動，或組織需要但卻未擁有的資源。

案例 5 HTC 弱點

宏達電董事長王○○說，宏達電最大的弱勢是在行銷宣傳；HTC 執行長周○○也在《華爾街日報》的訪問中，坦承競爭對手太過堅強，擁有大量資源可以投入行銷，而 HTC 尚未在行銷方面做足努力。知道自己的弱勢是最好的武器，HTC 清楚自己的缺點所在，因此，在 2013 年邀請小勞勃道尼成為品牌代言人，在美國、英國、俄羅斯、德國、中國大陸、臺灣、澳洲等地播出行銷廣告，強打品牌知名度，企圖讓更多潛在消費者認識 HTC。

圖片來源：HTC 官網。

資料來源：商業周刊。http://www.businessweekly.com.tw/KBlogArticle.aspx?ID=4311&pnumber=3

➢ 四、步驟四：形成策略

無論是規模大小，大到企業總體、各事業單位，甚至小到所謂的各功能層次都需要各種功能策略，如行銷策略、財務策略、採購策略等。

（一）企業層級的基本策略

包括單純地專注於單一事業、垂直整合、多角化與策略聯盟等。

1. 單一事業

公司僅從事單一產品（服務）的經營業務，例如麥當勞專注於速食事業。

圖片來源：麥當勞官網。http://www.mcdonalds.com.tw/tw/ch/index.html

2. 垂直整合策略

任何產業，由上游到下游的業務依序是原材料、零件製造、裝配與銷售等。垂直整合又可分為不同方向的整合方式：

(1) 向前垂直整合：企業除了經營本身業務外，另外還涉入本身產品配銷的策略，如以統一企業而言，從生產事業發展到經銷公司，到 7-11 便利商店和量販店，這些擴張都是向前整合。

(2) 向後垂直整合：企業的經營沿產品流程方向的上游推進，也就是跨足原物料的供應商產業，以便能自行掌控原物料品質、成本以及交貨日期。如，三星的 Galaxy Note 系列，推出才半年，就有十三種不同產品，屏幕從 2.85 英寸到 5.3 英寸都有，主因首推三星擁有完整的供應鏈，三星不僅擁有核心零組件的設計和生產能力，也努力推出高價格產品來提升品牌形象，進而刺激銷售並獲得高利潤。

案例 6　三星垂直整合策略

例如在 1997 年亞洲金融風暴時還負債百億美元的韓國三星 ，如今卻成為全球最大的電腦記憶晶片廠、液晶電視廠、全球智慧型手機龍頭，主要原因是三星垂直整合策略生效，三星不僅在上游掌握電子產品四成以上的關鍵零組件，如面板、記憶體、快閃記憶體與電池等，在下游同時又深耕品牌與通路，可以快速組合出兼具平價及設計感的產品。

圖片來源：三星官網。

3. 多角化策略

多角化策略可分為相關多角化與非相關多角化策略。前者在多角化時，所欲進入的新行業與現有行業間有許多資源可共同應用，例如某一啤酒公司進行投資製造香菸，因其已有可共用的行銷通路，因此屬這類的多角化。至於非相關多角化策略，由於新舊行業間沒有關聯，也沒有資源可共同使用，例如某一製造工具機公司，進行食品加工的新事業，這兩種事業間無任何資源可共同使用。

案例 7 勤美集團

勤美集團本業鑄鐵、鋼筋，轉投資的璞真建設，已躋身臺北市知名豪宅建商之一，2013 年預計啟動臺北、臺中兩大投資案，一是要在臺北內湖推高級住宅；二則要在臺中勤美誠品綠園道推出「勤美天地」大型開發案，內含飯店、住宅等，兩案投資金額超過 200 億元。

圖片來源：勤美誠品綠園道網頁。http://www.parklane.com.tw/about/about.php?Key=3

4. 策略聯盟

上述的垂直整合或多角化策略，雖可擴張業務與掌控資源，但往往耗費相當大的資金成本，且可能費時而無法在一定時間內達到預期績效。因此，目前在產業間甚為流行採用策略聯盟方式，進行業務的擴張與資源的掌握。

案例 8 網路科技公司友訊 D-LINK 與聯想集團合作創立聯想網路

例如友訊 D-LINK 為了進入大陸市場，網路科技公司友訊 D-LINK 選擇了與聯想集團合作。友訊看中的是聯想的三個優勢：聯想品牌在大陸的能見度、聯想在大陸所擁有的行銷通路，以及在大陸製造與銷售的雙重利潤。而聯想則希望取得友訊的兩個優勢：網路產品的核心技術和人才。2000 年 2 月，友訊與聯想在大陸以合資方式進行結盟，兩家的合資公司叫做「聯想網路」。

資料來源：動腦雜誌官網。http://www.brain.com.tw/News/RealNewsContent.aspx?ID=14855

（二）策略事業單位策略（SBU）

每個策略事業單位代表一個單一事業或一組相關事業，每個 SBU 都具備有基本的企業功能（工程、製造、行銷、財務及配銷等），須根據個別的任務目標與市場，規劃自己的策略，如顧客群在哪裡、顧客的需求是什麼，以及如何滿足顧客。每個 SBU 有下列特色：

1. 它是一個獨立的作戰單位，需要一定的資源。
2. 它有自己的競爭者，並針對競爭者採取適當之競爭策略。
3. 它是一個獨立的利潤中心，有專責之經理人負責盈虧。

(三)功能層次策略

包括財務部門需要有年度的財務策略、人力資源部門需要擬定所謂的人力資源運用策略、生產部門則需要依據生產計畫來規劃其採購策略以及製造策略等。

➢五、步驟五:執行策略

具備完善的策略是企業成功不可或缺的條件。然而,有效的策略只有在企業機構徹底執行之後,才能展現真正的價值。唯有能夠執行的策略,才是好的策略。

➢六、步驟六:評估結果

檢視公司策略目標,比較預期結果與實際結果,以確保績效能與計畫一致;若成效評估的結果不彰,需要重新檢視策略規劃目標是否合宜、各種資源的運用、活動設計等,這些資料皆可以列為紀錄。

第三節　策略規劃常用工具

➢一、SWOT 分析

SWOT 分析是企業管理理論中相當有名的策略性規劃,主要是針對分析組織與企業之現況,推導出企業內部優勢與劣勢,以及外部環境的機會與威脅來進行分析。SWOT 分析,逐字拆開來各自所代表的意義如下所示:

	內部分析	
外部分析	S 優勢	W 劣勢
	O 機會	T 威脅

(一)優勢(Strengths)

企業能比同業更具競爭力的因素，是企業在執行或資源上所具備優於對手的獨特利益，也就是企業核心競爭優勢，如：擁有哪些致勝的新技術。

(二)劣勢(Weaknesses)

組織相較於競爭者而言，企業有哪些較弱的層面，也就是較為不擅長或欠缺的能力或資源。

(三)機會(Opportunities)

任何組織環境中有利的因素。在市場環境中將有哪些有利條件，有助企業營運現況或未來展望的發展，如：隨著兩岸服務貿易簽訂，將有哪些新商機。

(四)威脅(Threats)

競爭對手或政府財經政策面有哪些改變，對企業所造成負面的影響，甚至威脅到企業之生存，如：韓圜、日幣貶值，對臺灣出口威脅程度。

可口可樂的 SWOT 分析。

SWOT

Coca Cola SWOT analysis 2013

Strengths	Weaknesses
1. The best global brand in the world in terms of value ($77,839 billion) 2. World's largest market share in beverage 3. Strong marketing and advertising 4. Most extensive beverage distribution channel 5. Customer loyalty 6. Bargaining power over suppliers 7. Corporate social responsibility	1. Significant focus on carbonated drinks 2. Undiversified product portfolio 3. High debt level due to acquisitions 4. Negative publicity 5. Brand failures or many brands with insignificant amount of revenues

Opportunities	Threats
1. Bottled water consumption growth 2. Increasing demand for healthy food and beverage 3. Growing beverages consumption in emerging markets (especially BRIC) 4. Growth through acquisitions	1. Changes in consumer preferences 2. Water scarcity 3. Strong dollar 4. Legal requirements to disclose negative information on product labels 5. Decreasing gross profit and net profit margins 6. Competition from PepsiCo 7. Saturated carbonated drinks market

資料來源：Ovidijus Jurevicius. SWOT analysis of Coca Cola. http://www.strategicmanagementinsight.com/swot-analyses/coca-cola-swot-analysis.html

➢二、五力分析

五力分析乃是一種產業分析，是邁克爾・波特（Michael Porter）於80年代初提出，用以評估及瞭解某一企業在產業中的定位以及其競爭優勢，並依公司的優、劣勢分析企業所處的競爭地位，有效的分析企業的競爭環境，並據以擬定策略與方案。此分析模型將五種不同的因素彙集在一個簡便的模型中，此五種力量分別是：供應商的議價能力、購買者的議價能力、潛在競爭者進入的能力與威脅、替代品的替代能力與威脅、行業內現有競爭者的競爭能力。如下圖所示：

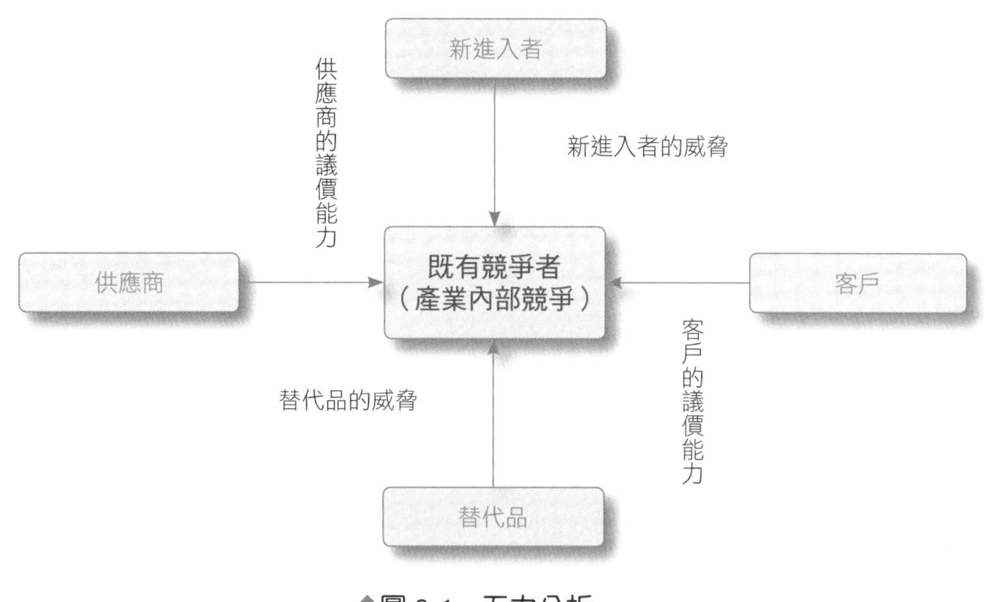

圖 8-1　五力分析

（一）供應商的議價能力

供應商議價能力，指的是現有企業向供應商購買原料時，供應商可調高售價或降低品質的能力，以便對產業成員施展議價能力；如果供應商企業占優勢，他們便會提高價格，對企業的獲利能力產生不利的影響。決定供應商議價能力的因素如下：

1. 供應商集中程度

市場上由少數供應商主宰市場時、且當替代品很少時、或是當其重要性很高時，供應商的議價能力自然較大。例如：臺灣的石油市場是由中國石油、台朔石油等幾家供應，因此消費者只能任由這幾家供應商宰割。

2. 供應商是否有前向整合威脅的可能

例如：統一企業建立起自己的零售網點 7-11 便利商店來進行零售。

3. 是否是供應商的重要核心顧客群

對供應商而言，若購買者並非重要客戶，此客戶就無須給予任何折扣或者價格上優惠。

4. 轉換成本

是指購買者是否能輕易更換供應商。對購買者而言，若供應商的產品是獨一無二的或者是轉換成其他供應商，購買者要付出的轉換成本極高，則表示供應商的議價能力頗高。以臺灣電信業者而言，消費者在一剛開始都要被綁上兩年至三年的契約，若在綁約期間，消費者想要更換電信業者，所要付出的代價就是違約金，這就是消費者的轉換成本。

（二）顧客的議價能力

購買者在購買產品或者服務當下，都會設法壓低產品價格，或者爭取更高品質與更多的服務，這是消費者對抗產業的議價能力。在下列幾項條件下，購買者通常有較強的議價能力：

1. 購買者群體集中，採購量很大

現在科技發達，網路團購已成了家常便飯，消費者會透過網路團購方式，以數量來與供應商議價，試圖將產品價格壓低，也就是俗稱的「集體殺價」。

案例 9　地產王網路團購買屋

現在連買屋都可以透過房仲網路平台團購，集結力量一起跟賣方殺價，有時候差價甚至可達兩成到兩成五，如「地產王」。

資料來源：地產王網站。

http://forum.vrhouse.com.tw/index.asp?Mods=Board&File=BoardList&Cno=797638-XCLW-200702-U5TI-14101253&Sno=797638-MBNV-200702-J4VH-14101558&Bno=127829-DJF5-200804-ACNQ-14133625

2. 採購標準化產品

若消費者要求產品要客製化，通常產品單一的成本會比標準化產品來的高，畢竟標準化產品可以大量生產，降低每單位產品成本。例如，客製化的嵌入式設計需有眾多專家投入，亦需較高的產品維護與升級成本，如軟體設計。

3. 轉換成本極少

指當顧客從一個產品或服務供應商轉向另一個供應商時，所產生的一次性成本低廉，則供應商為了留住顧客，通常會給予優惠的產品價格。例如：近年來臺灣三大電信業者競爭激烈，各家電信業者常以低價促銷或高服務品質作為訴求，以留住顧客或者吸引其他電信業者客戶。

4. 購買者易向後整合

企業的經營沿產品流程方向的上游推進，也就是跨足原物料的供應商產業，以便能自行掌控原物料品質、成本以及交貨日期。

案例 10 星巴克向後整合

1994~1995 年間，國際咖啡豆價格劇烈震盪，星巴克唯一只能無奈囤積咖啡豆，消極接受高價的咖啡豆。星巴克 2010 年宣告為避免日後受制於他人，堅持要進行供應鏈垂直整合，也就是在雲南普洱縣建立一個咖啡農場，把原材料掌握在自己手裡，從而保證整個產業鏈的穩定。

圖片來源：雲南省科學院網頁。http://www.yaas.org.cn/article/showarticle.asp?articleid=11556

5. 購買者的資訊充足

消費者若在資訊充足的情況下，就可以進行不同產品或者類似產品功能間的比較以及比價，以便作出正確的購買決定。然而有些賣場在行銷廣告上打「購物最低價保證，買貴保證退差價」保證，如：屈臣氏、全國電子、家樂福等，主要原因建立於消費者價格資訊不夠充足的情況，以及消費者的購買行為有區域性、習慣性及惰性，所以不容易挑戰其最低價之真實性。

（三）替代品威脅

產業內所有的公司都在競爭，生產替代品的其他產業也相互競爭，替代品的存在限制了一個產業的可能獲利，替代品威脅的強弱決定於競爭產品間的相對價格與效益以及消費者的轉換意願；換言之，當替代品在性能、價格上所提供的替代方案愈有利（替代品的效益/價格比愈高）時，消費者轉換意願愈高，被替代成功的機率即愈高，因此對產業利潤的威脅就愈大。

替代品的威脅來自於：

1. 替代品有較低的相對價格。
2. 替代品有較強的功能。
3. 對購買者而言較低的轉換成本。

（四）潛在競爭者的威脅

任何一個產業，只要有可觀利潤，勢必會招來其他人對此一產業的投資。而新進入產業的廠商除了會與現有企業發生原材料與市場份額的競爭，另外帶來一些新產能，不僅攫取既有市場，也可能壓縮市場的價格，導致產業整體獲利下降，並衝擊原有企業的市場占有率，嚴重的話還有可能危及這些企業的生存。競爭性進入威脅的嚴重程度取決於兩方面的因素：一是進入市場障礙的高低，二是現有企業的報復手段（預期現有企業對於進入者的反應情況）。

1. 進入市場障礙的高低

進入障礙包括市場性和非市場性。市場障礙是指產業競爭條件下的壁壘，包括規模經濟、產品差異、資本需要、轉換成本、銷售渠道開拓。舉例來說，企業如果進行機械自動化，或是上下游廠商垂直整合化的發展，使生產規模經濟擴大，成本降低，就提高了其他新進競爭者的進入障礙；非市場障礙則是政府管制與政策造成的壁壘，包括國家法定的條件，如：石化企業、自來水產業、冶金業。

2. 現有企業的報復手段（預期現有企業對於進入者的反應情況）

如果產業的進入障礙強大，或是新進入者預期在位者會採取激烈的報復，那麼潛在進入所構成的威脅就會相對較小。一般而言，主要是現有企業採取報復行動的可能性大小，則取決於有關廠商的財力情況、報復紀錄、固定資產規模、行業增長速度，以及企業的社會責任等。

總之，新企業進入一個行業評估其進入可能性大小，取決於進入者主觀估計進入所能帶來的潛在利益、所需花費的代價與所要承擔遭受報復的風險，這三者的相對大小情況。

（五）現有競爭者

任何企業首先必須面對現有競爭者的激烈競爭程度，現有競爭廠商也是企業威脅的主要來源，特別是當產品不易有差異化以及市場已存在大量規模相似的競爭者。

所屬產業結構，一個行業的產業結構，可分為獨占市場，到寡占市場、獨占性競爭、自由競爭市場等。

1. 自由競爭市場

如果產業裡沒有龍頭老大式的壟斷者，各企業之間勢均力敵，而且產品的差異化程度小，就表示該產業市場已趨於飽和，沒有多大的增容空間，退出障礙也較高（如生產線的專用性、過剩產能轉移困難等），那麼就很可能會導致更加激烈的競爭，如稻米市場。

2. 寡占市場

即指在市場中競爭者的數量不多，提供性質相同或是接近的產品，彼此互相競爭；由於，競爭者之間互相得知對方市場競爭行動的可能性很高；同時，任何一個競爭者所採取的策略行動，都會對其他的競爭者造成實質的影響；因此，供應商在規劃自己的策略行動時，都必須考量或預測其他競爭者可能採取的行動，並據此決定自己的策略行動。一般而言，寡占市場有三種競爭模式：

(1) 企業聯合（Cartel）

互相競爭的公司彼此之間簽署了一種正式的、明確的協議，彼此議定工廠可生產數量，以限制市場上產品生產的總數量，並且讓產品以某協定的固定價格進行銷售，讓產品在市場的總獲利金額達到最大，此方式可以避免惡性競爭，再者，個別公司的獲利，就等於市場的總獲利金額乘上個別公司生產的數量占整體市場數量的比例。

練習題

假若市場中有A、B兩家公司，為避免競爭，彼此間達成以下協議：
A於今年度僅能生產1,000單位產品，B公司僅能生產700單位產品。彼此間產品售價不得削價競爭，定價為每單位20元。
請問A以及B公司個別的獲利總額為多少？

解答：A=1,000×20=20,000
B=700×20=14,000

(2) 價格競爭（Bertrand Model）

每個競爭廠商各自決定自己的產品銷售價格；消費者在選購產品時，一定會先進行比價，市場上價格最低的產品優先賣出，如果最低價的產品已經全數銷售完畢而仍有消費需求時，第二順位低價的產品才有機會售出。一般而言，鮮少有廠商願意排在消費者購買的第二順位，且為了避免產品過時，因此會將產品價格定與市場領導者一樣。通常，在這類型的市場中，當市場領導者考慮降價求售時，也會考慮其他產品競爭者是否也做出跟隨降價的可能性，一旦競爭廠商間發生這類型的追隨降價反應時，市場的價格戰就會啟動，進一步侵蝕所有供應商的獲利空間。

(3) 單一主導者（Dominant Firm Model）

在寡占市場中，若有一家公司（市場主導者）擁有最大的市場占有率，市場中剩下的占有率，則由一群相對而言比較小的公司互相競爭。在這種類型的市場中，產品的定價通常是由主導者決定，其他的公司只能接受以這個定價銷售其產品；因此，這些較小的公司，就只能在生產時，選擇應該生產多少數量的產品，並以獲得最高的銷售獲利，作為決定生產數量的考量。

3. 獨占性競爭市場

是一種競爭市場，有許多廠商供應者都有一點獨占力，但相互間又有很強的競爭度。此市場中的廠商數目眾多，而且進出市場門檻較低，所以具備完全競爭市場的特色，具有「完全競爭市場」與「獨占市場」的性質。不過，每一家企業所生產的產品或者提供的服務是具有差異性，如：品質、包裝、服務上，不會與其他競爭者完全一樣，使得各家產品會給消費者帶來不同的滿足感。

獨占性競爭市場在產品有所差異，但是畢竟仍然屬於同一類商品，彼此的替代程度還是相當高的，因此企業也需要將價格控制在一定程度，例如：如果 85 度 C 咖啡、7-11 CITY CAFÉ、全家的伯朗咖啡等廠商競爭非常激烈，彼此在價格上差異也是大同小異，就擔心提高價位只會將消費者送到其他競爭者手上。

以上這五種力量會相互影響現有競爭強度的因素，當然，彼此間也存在著相互抵消的關係，因此要判斷現有競爭者的競爭強度，就必須針對各種影響的面向，進行詳細而具體的全面分析，畢竟此五種力量的不同組合變化，最終影響到企業利潤潛在變化，因此企業不是僅僅比較市場占有率、利潤率和成長速率這幾個簡單的數據。

第四節　策略執行與評估

➢一、策略執行

策略就是要創造出與競爭者有差異化產品或者服務，也就是 make a difference，但是執行力卻是指能讓策略實現，也就是 make it happen。有了完美的策略，卻沒有執行力，也就是所謂的空口說白話。換言之，如果沒有好的執行力，光有好的策略也是無用。因此，近來非常強調企業執行力的重要性。執行力的三個核心流程，包括人員流程（People Process）、策略流程（Strategy Process）與營運流程（Operation Process），並且此三個流程要完美結合，方能展現價值。

（一）人員流程

是執行力的第一個關鍵。從策略規劃與執行角度論，組織需藉由「對的人才」來判斷市場的變化，再根據這些判斷，由這些「對的人才」來制定策略，因此，不論是規劃與執行第一重點均在人才。但現在企業環境已經不是可以單打獨鬥完成目標任務，而是需要團隊協力合作，團隊要能成功有效率的運作，即需要流程。因此，這就是所謂的「人員流程」。 健全的人員流程有三項目標：

1. 準確而深入的評估每位員工。
2. 提供培養各類領導人才的架構。

3. 充實領導人才儲備管道，以作為接班計畫的基礎。

無論是鴻海、矽品精密、華碩集團或者是台積電，目前這些企業帝國面臨到的是第一代創辦人找不到接班人問題，以及該要如何維護第二代溢價（Premium）及企業永續的關鍵挑戰。鴻海董事長郭〇〇先生一則已開始在鴻海精密尋找接班人，重點對象是那些年齡在 35 至 45 歲左右的員工，要求這些未來可能的接班人在各自子公司獨攬專權，來證明自身實力。另一則是鴻海從臺大管理學院挖角教授群，組成鴻海大學，希望以三年的時間，完成接班人培訓計畫。郭〇〇先生曾表示，關鍵性人才就是策略性人才，甚至就是核心人才。而這些人才必須具備先進的經營思維、英明的決策能力、科學的管理理念、優秀的創新成果、快速的反應能力、超強的執行效率等。

（二）策略流程

企業要成功，必須要有縝密策略規劃，也就是有遠見的界定出企業的「定位」與「方向」，創造持續性的競爭優勢，為股東創造財富。繼而提出如何執行的詳細細節，包含如何達到企業目標、以及所需的成本、面臨的風險，以因應可能出現的新機會或可能導致失敗的情況。

（三）營運流程

將長期的「策略」目標轉換為短期可執行的目標，並制定出完成目標的實施步驟，可明確的指引負責人員該如何達到目標，以確保每個人都能完成自己的任務，包括新產品上市、行銷計畫、銷售計畫、改善生產效率計畫等。

➢二、策略評估

「策略評估」是要將相關事業部門主管以及相關人員聚集起來，透過「強力的對話」（Robust Dialogue）進行扎實的辯論，讓所有出席的相關人員都能以自我角度來暢談企業主體策略、SBU 策略或者功能層次策略的感受，主要目的在於激發出多元的觀點、廣納眾議，並釐清事情真相。

（一）強力對話的「策略評估」時，相關的討論必須回答下列的關鍵問題：

1. 計畫的可行性？

2. 計畫是否具備前後一致性？以及是否與企業的願景、使命有所違背？
3. 計畫是否能呼應「關鍵議題」與相關假設？
4. 企業是否有足夠的人員、設備與資源投入？

（二）在「策略評估」時，需探討下列問題：

1. 洞察競爭者的策略動向與市場布局

(1) 競爭者有何計畫來防堵我方進入，以鞏固既有的客戶區隔？
(2) 競爭者產品實力如何？
(3) 競爭者行銷通路如何布局？
(4) 競爭者對我方的產品有何反應？
(5) 我方對競爭者領導團隊的背景瞭解多少？
(6) 競爭者是否可能組成聯盟而攻占我方的市場區隔？
(7) 是否可能因為某些新廠商加入競爭行列，使競爭版圖發生變化？

2. 組織執行策略的能力如何？

(1) 組織成員是否具備執行策略所需的能力？
(2) 成本結構是否使得組織能夠在競爭中維持獲利？

3. 計畫的焦點是分散或是集中？

(1) 計畫是否超過本業範圍？野心過大？
(2) 計畫要求的資源是否超過組織的應付能力？
(3) 計畫是否能夠獲利？
(4) 是否企圖同時進入太多的市場？
(5) 是否會稀釋對原本既有市場區隔的專注？

4. 與人員流程及營運流程的銜接是否清楚？

「策略評估」結束後，應發函給與會主管，釐清達成的共識，作為日後檢討進度的依據。

課後討論

SWOT 表通常是用來分析企業內部的優勢和弱勢、外部機會和威脅。但此 SWOT 不僅如此，也可以作為自我分析，幫助自己更瞭解自己，唯有瞭解自己的優、缺點，把握機會多充實自己，就可以增加自己的競爭力，開啟求職的大門。

請同學利用 SWOT 分析來作自我分析，擬定自我生涯規劃策略。

第九章

企業危機管理

MANAGEMENT

企業管理概論與實務

THEORY AND PRACTICE

第一節　企業危機管理概論

企業危機意指在無預警的情況下，企業突然面臨到前所未有的新挑戰，而這些新挑戰或者危機事件與社會大眾或既有顧客有密切關係，且會產生後果嚴重的重大事故，可能會造成企業聲譽或信用有負面影響，危及到企業生存。危機形成的主因甚多，且所造成的影響層面極為廣泛，企業不能等到危機發生時才進行危機修補。反而，企業危機管理的能力應主要致力於消除或降低危機所帶來的威脅和損失，並且管理者應將本身企業的失敗經驗引以為戒，當企業在面臨相類似情境時，才不致重蹈覆轍，並達到化危機為轉機。

案例 1　臺北市開平餐飲學校轉型

十年前，在當年升學主義掛帥的臺灣教育環境體制下，再加上臺灣父母親都有著一種私立高職學生的素質較差的心理作祟等緣故，幾乎沒有人會讓自己小孩去就讀私立高職，因此，當時私立開平高職（開平餐飲學校前身）招生相當困難，甚至一度無法經營，創辦人夏惠汶藉由學校轉型，建立餐飲專技學校，透過和業界合作，讓每年畢業生一畢業就有工作等著他們，化解了學生的「畢業即失業」的心結，每年招收都爆滿，才能把危機化為轉機。

圖片來源：如意了教育網頁。http://www.ruyile.com/school.aspx?id=154073

企業從成立以來，很難會一帆風順百年、千年經營，在過程中，或多或少會經歷一些經營、財務或者外在環境帶來的危機存亡風險，危機一旦發生，必然會給企業誠信形象帶來損失，甚至危及企業的生存。

➢一、危機發生前兆

危機的發生具有多種前兆，幾乎所有的危機都是可以通過預防來化解的。危機的前兆主要表現如下：

（一）產品、服務品質出現缺陷

案例 2 義美食品冷凍獅子頭品質出問題

CAS 抽驗義美食品生產的義美冷凍迷你獅子頭大腸桿菌超標，若消費者不小心吃下肚，可能會讓消費者產生腹瀉，新聞一出，義美食品針對該批號冷凍獅子頭，按異常處理程序辦理下架、回收，但也讓消費者對於老品牌產品開始有些質疑，為何義美食品公司內部設置的合格實驗室會沒有檢驗出大腸桿菌超標問題？

資料來源：今日新聞官網。http://www.nownews.com/n/2013/09/06/779293

（二）企業高層管理人員大量流失

隨著知識經濟的到來，企業與企業之間的競爭日益轉變為人才的競爭，不少企業會藉由高薪從競爭對手的企業中挖角，除了人才流失外，令企業管理崗位缺失，另外最令人擔憂的是商業機密的外流，因此，管理人才的流動率成為企業的一大隱患。

案例 3 宏達電人才出走

根據科技新聞網站 The Verge 於 2013 年 5 月 23 日的報導中指出，2013 年初宏達電已有多位關鍵的高階主管相繼離職，包括產品長小寺康司、全球公關副總裁傑森．葛登（Jason Gordon）、全球零售行銷經理瑞貝卡．羅蘭（Rebecca Rowland）、數位行銷總監約翰．史塔克維澤（John Starkweather）、產品策略經理艾瑞克．林（Eric Lin）。其中數位行銷總監維澤加入 AT&T，羅蘭和林則加入微軟，這些高階主管離開再次嚴重打擊宏達電的士氣。

資料來源：天下雜誌官網。http://www.cw.com.tw/article/article.action?id=5049301

（三）企業銷售額連續下降

案例 4 胖達人廣告不實

胖達人廣告宣傳麵包主打「天然酵母粉」、「標榜純天然」，但檢警卻查出胖達人的麵包除含香精成分，酵母也添加作[illegible]窩作用的乳化劑等加工品，雖該公司未使用違法添加物，但胖達人麵包中的乳化劑屬化學成分，且乾酵母粉則為加工品，也不是天然原料，因其廣告不實引發社會巨大爭議，也讓消費者不再願意上門購買昂貴且非天然的麵包。

圖片來源：自由時報記者張傳佳攝。
http://iservice.libertytimes.com.tw/liveNews/news.php?no=859139&type=

（四）企業負債過高長期依賴銀行貸款

當一國經濟在高速成長時，企業的高負債或許並沒有問題，一旦國家經濟開始停滯甚至衰退，企業就會還不起債，引發財務風險。

（五）企業連續多年虧損

案例 5 溫州奧古斯都鞋業面臨連年虧損

圖片來源：奧古斯都鞋業官網

2013 年 3 月 4 日溫州奧古斯都鞋業向法院遞交「破產清算申請書」。根據《第一財經日報》報導，奧古斯都鞋業受國際金融危機和溫州金融風暴影響，溫州製鞋行業面臨巨大危機，公司生產經營連年虧損，為求轉型而對外投資，卻陷入更嚴重的資金困局，雖通過利息成本高昂的銀行及民間借貸融資自救，但企業虧損額度持續激增，導致資產不足以抵債，所欠應付帳款和應付工資也已經無力償還，因此，宣告破產。

➢二、企業危機特徵

（一）突發性

危機常是發生在企業防範意識薄弱，尚未做好危機處理準備下瞬間發生，令人措手不及，迫使企業在慌亂之中做出錯誤的決策，反而造成企業巨大損失，進而帶給企業更大的混亂和驚恐。

（二）破壞性

危機發作後，可能會為企業帶來無形、有形損失或者兩者皆備，所謂有形損失指的是物質或者財務上損失；無形損失影響到的是企業形象或者商譽負面影響。有些危機用毀之一旦來形容一點不為過。

（三）不確定性

即危機事故的發生與否、何時發生時機及造成的結果如何均不確定，企業難以做出預測。

（四）急迫性

一般來說，企業發生危機時，應當首先防止事態的進一步擴展，因此，企業對危機做出的反應和處理的時間是十分緊迫，任何推拖延遲只會為企業帶來更大的損失。再者，企業若無法在第一時間處理，將引發社會大眾輿論抨擊與關注，到時的負面影響會如同排山倒海般的飛速擴展，促使整個企業組織形象徹底遭到破壞。

第二節　危機處理步驟

企業的危機管理是一個綜合性、多元化的複雜問題。當企業面臨各種危機時，應該明確並遵循危機管理指導原則的沉著處理，這是企業正確進行危機管理的必要前提和基礎。沉著處理危機的四個步驟如下：

➢一、第一步：界定危機

企業想要有效地辨識危機與處理危機，就必須清楚審視哪些是企業的危機，對於可能出現的危機，先蒐集各種有關資訊找出蛛絲馬跡，來判斷出危機，然後才能界定危機涉及的範圍及出現的可能性，著手減輕因危機的未知性和不穩定而可能造成的損害。

例如，企業可針對供應商部分可能造成的損害危機進行評估，起因：「由於供應商無法如期供貨，將造成企業商譽受損的問題。」接著，就能夠針對起因及影響，採取正確的行動。

案例 6　東森電視購物商品無法出貨

電視購物頻道商品種類眾多，購物專家卯足全力積極促銷，不少消費者受到廣告吸引就向電視購物頻道下單購買商品，但於 2012 年 9 月下旬有民眾向東森購物頻道購買 1 台筆記型電腦，等候逾 1 週仍未收到商品，亦未收到東森購物之通知，民眾主動致電客服人員，才獲告知因該商品太過熱銷斷貨，故東森購物才轉而告知消費者取消訂單，無法出貨。

資料來源：臺灣時報官網。http://www.twtimes.com.tw/index.php?page=news&nid=303079

➢ 二、第二步：評量危機

企業要進一步評量每個危機發生的可能性有多高，以及每個危機可能造成企業多少的損害。簡單來說，就是危機發生的嚴重程度。藉由發生機率以及嚴重程度來決定企業因應危機的處理先後順序。

(一) 安排危機處理先後順序的兩種方式

1. 運用「影響範圍」與「發生機率」兩個指標

表 9-1　發生機率 / 影響力評量危機嚴重程度

發生機率 / 影響力	影響範圍廣	影響範圍窄
發生機率高	第一象限	第三象限
發生機率低	第二象限	第四象限

(1) 第一象限

可能性與影響範圍都高的危機狀態。

(2) 第二象限

低可能性卻高影響力的危機，則屬於高度危險。

(3) 第三象限

高可能性、低影響力的危機，屬於中度危險。

(4) 第四象限

發生可能性低，且影響公司程度也不高，屬於低度危險。

就以臺灣南部某大學來探討，目前遭遇到的危機與問題有哪些？

表 9-2 某大學的危機類型

發生機率 / 影響力	影響範圍廣	影響範圍窄
發生機率高	＊因應少子化問題日益嚴重，大學經營面臨招生不足額衝擊 ＊大專院校數量過多，大學資源分配受到排擠	＊教師師資不足 ＊考核機制落後問題
發生機率低	＊學用落差，讓畢業學生無法學以致用 ＊缺乏國際競爭力 ＊畢業學生失業率高	＊通識教育不足，無法培養出預期中的優質公民

由以上風險發生與影響程度表格可知，學校應該先著手於「招生不足」與「資源分配不夠」等問題先行處理，畢竟依照 80-20 原則，學校大部分的問題所在還是在生源不足，導致財務發生危機；之後，再去處理學生就業以及學以致用問題。

2. 運用「重要性」與「急迫性」兩個指標

將處理事情的優先次序區隔為四個象限：

表 9-3 以重要性 / 急迫性評量危機的嚴重性

重要性 / 急迫性	重要	不重要
急迫性高	第一象限	第三象限
急迫性低	第二象限	第四象限

(1) 第一象限

緊急且急迫的事情，通常是一個危機事件。

(2) 第二象限

重要但沒有急迫性的事情，例如年度計畫，常常被閒置於一旁，直到變得急迫後才著手進行。

(3) 第三象限

急迫卻不重要的事情，這個象限通常占用我們大多數的時間，例如非預期的訪客、臨時交辦事項等。

(4) 第四象限

既不重要也不急迫的事情，例如聊天、看報紙等，應該把這部分的資源有效的分配給其他的象限。

以每個人一天下來會遭遇到的問題為例：

表 9-4 每天可能遭遇的危機類型

重要性 / 急迫性	重要	不重要
急迫性高	* 生產流程出問題 * 產品材料無法準時到貨	* 非預期的訪客 * 臨時交辦事項
急迫性低	* 製作下年度採購預算計畫	* 看報紙瞭解時事 * 參加公司員工舉辦團購

由此表格就可很清楚得知，現在首先要做的事情是處理生產流程哪邊出錯，以及原物料為何還沒有送達指定地點，至於參加公司員工的團購，似乎就沒有那麼有急迫性。

➢ 三、第三步：解決危機

在危機出現之後可採取四種不同的因應策略處理方式，分別是：

(一) 避開危機

從企業創辦那一天起，企業每天都會碰到大大小小的經營問題，此時，企業就必須對於危機預防開始著手進行。否則，當企業隱約發現有些情況不對勁時，卻常常已經無法有效應對，或者是經營者無法或沒有能力做出有效的回應，讓問題逐漸擴大，終至爆發企業危機，最終才以極高的代價來進行補救。為避免企業付出高額的代價，預防是解決危機的最好方法，同時也是控制危機中最省錢也最簡單的方式。高效能的領導人或經理人會藉著許多機會以及警訊，來預測危機的發生並降低發生的風險，甚至在危機發生前，即做好一切因應危機的準備動作，當危機真的發生時，就可以以高效能和高效率來及時因應，將危機化於無形，自然能化解危機風暴。

（二）轉移危機

企業可以試著找出其他環節或者其他風險承擔者，來承擔此危機可能帶來的風險，藉以移轉企業的風險，例如期貨。

（三）接受危機

當企業面臨的危機所造成的影響不大，或者是企圖防堵也可能不見得有效益時，優秀領導人應更勇於接受事實、更坦誠地去承受危機，千萬不要有僥倖心理，企圖要矇混過關，否則，一旦危機爆發，企業會被社會大眾冠上虛偽不實的印象。

不管因應策略是什麼，更重要的是具體採取行動，以三大原則，積極面對危機：

1. 面對事情要誠實道歉認錯

企業危機一旦爆發，企業應在最短的時間內針對事件的起因做出說明，直接的道歉，勿有推拖之詞，Tell the Truth 是危機處理的根本原則。

2. 快速回應

在危機公關中，對危機情境作出快速且正確的反應，第一時間給予準確回應幾乎是鐵律，並掌握危機處理的黃金 24 小時，啟動危機管理機制，並做好準備工作。

3. 單一且公開對外說明

不任意接受媒體訪問，由專責發言人負責企業對外統一發言，如此一來，企業便可監控社會輿論導向，並透過即時公布信息，有效引導輿論方向，不僅使危機的負面影響降至最低，或許還可以扭轉乾坤，藉此擴大企業的美譽。

練習題

期貨就是「未來的商品」之意。所以買賣期貨，就是買賣未來東西的一個契約。就以玉米期貨來進行探討。玉米是世界上分布最廣的作物之一，生產量最大的國家分別是美國和中國大陸，就其特性來看，玉米是一種喜溫短日照作物，因此光照長短對玉米生長發育有密切關係，玉米在種植期間若有異常的氣候，如洪水或乾旱等，均會造成玉米產量的銳減，影響種植的收成率，導致玉米價格上揚。一般而言，玉米的種植時期可從 3~5 月開始，約在每年 10 月及 11 月間收成。

玉米價格波動對於飼料進口商影響很大，因此，飼料進口商認為未來玉米價格應該還有上漲的空間，因此為了確保交割時，玉米價格不致太高，進口商選擇利用期貨合約來規避風險。換言之，就是 4 月初先行與穀物商約定，於 7 月中購買交割一批 1,000 噸的玉米，當時約定的現貨價格為 89 美元 / 噸，至 7 月中，玉米價格如同進口商的預期，現貨價格上漲至 99 美元 / 噸，進口商利用期貨避險的步驟如下（本例不探討手續費等成本）：

解答：第一步 決定合約數量：進口商可與穀物商先約定 1,000 噸玉米量。

第二步 買進避險：4 月初，以 89 美元 / 噸價格買進 7 月玉米合約 1,000 噸玉米量，鎖住價格上漲風險。

89 美元 ×1000 噸玉米量 =89000 美元

第三步 到期平倉：7 月中，進口商將玉米交割給國內穀物商，並以 99 美元 / 噸出售。

99 美元 ×1000 噸玉米量 =99000 美元

進口商藉由期貨避險的方式，規避價格上漲的風險，交割時的整體利潤為 10,000 美元，若進口商沒有藉由期貨避險，與穀物商約定的價格將遠低於交割時的現貨價。

個案 7 高雄麥當勞報警趕唐氏症女

高雄市楠梓警察分局2013年6月21日上午11時，接獲麥當勞右昌店報案，指出有流浪漢大聲吼叫鬧場，需警協助，警員到場後，只見店內人潮排隊購餐，查無任何異常之處，而當時患有唐氏症的女子，就一個人靜靜的窩在店內角落，完全沒有影響到麥當勞做生意。當時其他客人都表明沒有受到患有唐氏症女子的打擾，但店經理黃○○卻堅持要員警把該名女子帶走，理由是唐氏症女子會影響顧客觀感。

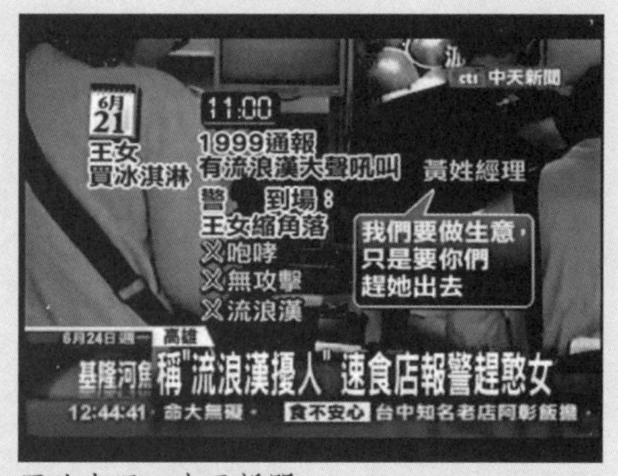

圖片來源：中天新聞。

對此，臺灣麥當勞公關部襄理蔡○○ 22 日原本表示，經理發言是溝通有誤解，將加強教育訓練，但因為麥當勞並沒有侵犯該唐氏症女子的權益，因此不會道歉，但歡迎她（指唐氏症女）繼續來用餐。只是事件爆發，再加上麥當勞一開始採取不道歉做法，因此，引發社會大批輿論撻伐，揚言要發動拒吃麥當勞。

眼看雪球愈滾愈大，原本不道歉的麥當勞，23 日再度發表聲明，公司初步瞭解後，認為這家分店的做法「不妥當、不周到、不細緻」，造成誤解感到很抱歉，但麥當勞強調是「個案」，往後會加強人員訓練。

資料來源：ETtoday 東森新聞雲官網。http://www.ettoday.net/news/20130623/229008.htm

➢ 四、第四步：控制危機

最後一個步驟，就是持續監控危機的動態變化，每一個要素發生改變，都可能需要重新調整策略與行動，避免情況失控惡化，以便將危機所造成的傷害及損失降到最低，並有效的控制危機情勢，才能將危機化為轉機，重建企業聲譽。

個案8 義美泡芙原料過期

老字號的義美食品，因龍潭廠生產線作業主管的認知有異，認為長期冷藏保存原料的保存期限是可以延長，因此，經過檢測確定進口植物性蛋白原料的品質無虞後，龍潭廠作業主管下令將過期食品原料加入泡芙產品。5月20日事件被媒體披露後，義美主動下架小泡芙。隔天5月21日發出第一封聲明，向社會大眾說明實情並致歉！義美總經理高○○5月22日晚間再度發出第二封聲明，再次向社會大眾致歉，並決定捐出1,500萬元，給消費者相關公益團體，呼應消費者對食品安全的關切。但捐款舉動並沒有平息消費者的怒火，義美為了爭取消費者繼續支持，5月26日也在粉絲團宣布，即日起至6月12日，全臺門市商品除了特惠品、菸酒、訂單除外，將全面打9折。且於5月31日義美主動將所有產品送驗，並發出聲明，義美全系列產品均無順丁烯二酸，並且將所有產品的檢驗報告公布於義美官網。

義美這次的危機處理，於第一時間立即說明事情的始末、向社會大眾道歉、將產品下架並回收，甚至於最後的捐款，這都是非常正確且負責任的態度。最後以商品全面打折來回饋消費者，也可說是重建企業聲譽的一種行銷策略。

資料來源：ETtoday 東森旅遊雲官網。http://travel.ettoday.net/article/213286.htm

第三節　企業危機預防

係指企業危機尚未發生之前，企業所進行的多種預防性作為，屬於未來導向，如果企業經營者有敏銳的洞察力，根據日常蒐集到的各方面信息，能夠及時採取有效的防範措施，完全可以避免危機的發生，或使危機造成的損害和影響盡可能減少到最小程度，而非等到危機發生時，再來解決問題。因此，預防危機是危機管理的首要環節。每一個危機都是可以預防的。因此，建立一個完備有效的危機預防制度，才是企業的成功基石。

➢一、樹立強烈的危機意識

在企業經營形勢不好的時候，人們容易看到企業存在的危機。一般而言，企業會面臨到的危機時刻通常是在企業經營不順遂時，企業應該避免「生於憂患，死於安樂」，反而應以「居安思危，未雨綢繆」來時時警惕，並應樹立一種強烈的危機意識，營造一個危機氛圍，使企業的員工面對激烈的市場競爭，充滿危機感，將危機的預防作為日常工作的一部分。如果沒有強烈的危機意識，所有的危機預警機制都是形同虛設。

➢二、建立預防危機的預警系統

隨時蒐集各方面（如：行業信息、競爭對手的策略）的信息，及時加以分析和處理，對未來可能對企業發生的危機類型及其危害程度做出預測，並進行嚴密的監測，必要時發出危機警報。

➢三、成立危機管理小組，制定危機處理計畫

企業應該根據可能發生的不同類型的危機以及其發生的可能性，制定出一套防範和處理危機管理計畫，明確說明防止危機爆發以及危機發生時企業應如何立即做出針對性反應措施等。企業一旦發生危機，可以根據事先防範計畫從容決策和行動，掌握媒體主導權，並對危機迅速做出反應，將其破壞性降低到最小程度。

第四節　危機管理客觀規律

危機管理雖然沒有一定的規則以及定律，但如同美國危機管理專家危機管理大師羅伯特 ‧ 希斯（Robrt Heath）在《危機管理》一書中提出危機管理 4R 模式，大致可化分為四步驟，即縮減力（Reduction）、預備力（Readiness）、反應力（Response）、恢復力（Recovery）四個階段組成。

➢一、縮減力（Reduction）

企業經營存在可避免或無法避免的風險，針對可避免因素盡可能蒐集資訊，並掌控任何一個影響因子，降低發生風險，可大大縮減危機的發生及對企業的衝擊力。簡言之，企業經營者需將危機縮減到最低點，此就是所謂的危機縮減管理，也是危機管理的重要核心內容。

➢二、預備力（Readiness）

預警和監視系統在危機管理中是一個整體。它們監視一個特定的環境，從而對每個細節的不良變化都會有所反應，並發出信號給利害關係人或者負責小組。例如，臺

灣本島有三分之二強的面積屬於山坡地，最令人擔憂的就是順向坡，無論地震來襲或者水含量過多都可能造成土質滑動，導致人民生命財產的危險。因此，臺灣專家設定監測指標，在瀕臨安全邊緣之際發出警告訊息，以提醒居民採取應變措施。

➢三、反應力（Response）

平時應對員工或危機處理小組進行專門「模擬危機」培訓演習，以培養員工的危機意識和臨危的應變能力，強調在危機來臨時，企業應該做出什麼樣的反應解決危機，以提高企業的危機反應能力，例如：地震演習等。危機反應管理所涵蓋的範圍極為廣泛，如危機的溝通、媒體管理、決策的制定、與利益相關者進行溝通等，皆屬危機反應管理的範疇。

➢四、恢復力（Recovery）

危機發生並得到控制後，企業應迅速著手於挽回危機所造成的損失，儘快擺脫危機的陰影，並努力恢復和提升企業形象。除此之外，企業需建立起「知識庫」，針對本次危機進行必要的探索分析，為今後的危機管理提供經驗和支持，避免重蹈歷史覆轍。

課後討論：假油事件破壞 MIT 品牌形象危機

在現今臺灣社會油電雙漲、薪水不漲的情況下，社會大眾沒有「開源」的機會，就只能想盡辦法「節流」，買東西都講究要便宜，甚至連媒體也大幅報導「銅板美食」，「物廉價美」是消費大眾貪便宜的心態以及追求的目標，但卻沒有消費者去考量製造商的成本問題。

在經濟不景氣下，或是碰上國外原物料大漲時，國內不少製造業者為了生存，只能想盡辦法「降低成本」，唯有成本降低，售價才能調低，因此，有些沒有社會責任的業者最終只從原材料下手，改換成本低廉但對人體有害的黑心材料，矇混消費者度日，或是由員工身上，榨出油水過冬。

此次，大統、富味鄉假油事件已讓臺灣在全球其他國家面前抬不起頭，因一顆老鼠屎害了一鍋粥，也重創臺灣品牌形象。

請問：身為臺灣領導者該如何面對此次危機？如何重振臺灣美食王國的形象？

國家圖書館出版品預行編目資料

企業管理概論與實務 / 林原勗,曾明朗, 鄭憶莉著. -- 初版. -- 臺北市 : 五南, 2014.02
面 ; 公分
ISBN 978-957-11-7521-8(平裝)

1.企業管理

494.1 103001725

1FTB

企業管理概論與實務

作 者－林原勗 曾明朗 鄭憶莉
發 行 人－楊榮川
總 編 輯－王翠華
主 編－張毓芬
責任編輯－侯家嵐
文字校對－陳俐君
封面設計－盧盈良
排版設計－上驊實業有限公司
出 版 者－五南圖書出版股份有限公司
地 址：106 台北市大安區和平東路二段 339 號 4 樓
電 話：(02)2705-5066
傳 真：(02)2706-6100
網 址：http://www.wunan.com.tw
電子郵件：wunan@wunan.com.tw
劃撥帳號：01068953
戶 名：五南圖書出版股份有限公司

台中市駐區辦公室／台中市中區中山路 6 號
電 話：(04)2223-0891
傳 真：(04)2223-3549
高雄市駐區辦公室／高雄市新興區中山一路 290 號
電 話：(07)2358-702
傳 真：(07)2350-236

法律顧問 林勝安律師事務所 林勝安律師

出版日期：2014 年 2 月初版一刷

定 價 新臺幣 350 元

凝煉知識品味閱讀